江戸の土地問題

片倉比佐子

はじめに

近年、都市江戸の研究の多様化には目を見張るばかりである。江戸の魅力はまだ尽きることがない。本書もその流れに便乗するかたちで、土地所有を媒介として、江戸の解析を試みたものである。

「大地に根ざす」、「母なる大地」という言葉がある。これは多分に、自然のままの土地、または作物を生み出す農地をイメージしたものである。家並みの建ち並ぶ都市の土地はそのようなイメージから遠い。しかしそこに土地を媒介とする人間関係があり、日々の営みが行われていることに変わりはない。都市における土地と住民との関係に関心をもったのはずいぶん古いことであるが、具体的にはつぎの二つの宿題から出発している。

一つは、天保改革期の地代店賃引下げ問題である。十数年前、筆者の執筆で刊行した都史紀要三十四『江戸住宅事情』の主要テーマは寛政期の地代店賃問題であった。天明の江戸打ちこわしのあと、老中首座に就任した松平定信は、物価引下げ、下層民救済のために地代店賃の引下げを指示し、調査に入った。調査の過程で、地代店賃引下げの効果に疑問をもち、引下げ可能な資金を積み立て救済に宛てるという方針に変更し、町会所設立にいたった。その後、町会所は、困窮者救済にとどまらず、名主・零細地主・下級御家人への低利融資、災害など大規模な救済事業など、江戸市中の安定に大きく寄与することになった。

享保・寛政・天保の、いわゆる三大改革期にはいずれも江戸の地代店賃引下げが政策課題として挙げられている。享保の場合は、貨幣改鋳がからむものでひとまず置くとして、寛政改革に範をとった天保改革では、地代店賃の引下げが実行されたが、その実態はどうであったのか。近代の土地問題とつなげる上でも欠かせない課題である。天保期の地代店賃引下げの調査書がかなり残されていることも宿題に取り組む要因の一つである。

もう一つは、町屋敷の経営をめぐる問題である。江戸の町屋敷経営を分析した研究は、江戸の町屋敷経営にはリスクが伴い、かならずしも利潤を上げていないこと、とくに天保の地代店賃引下げ以降経営は破綻状況にあったと結論づけている。しかし真岡の農民たちが、天保改革以前ではあるが、積立金をして江戸の町屋敷を購入しようとした話に象徴されるように、江戸の町屋敷経営には、江戸の内外を問わず期待がかけられていた。バブル経済の最中、土地の価格はつねに上昇し、下がることはないという「神話」が喧伝され、損失を蒙った当事者だけでなく、日本国民全体に大きなツケが残されてしまった。幕末の江戸の土地事情に「神話」はあったのか。地代店賃問題にとどまらず、もう少し広げて土地の所有関係を考える必要を感じていた。

本書第一章と第五章で取上げた鈴木三右衛門家は、関東の農村から草創期の江戸に出て成功し、その資産で町屋敷を購入、のち商売をやめ、地主に専業化した家である。限られた史料から、創業者が活躍した時代の伊勢町の動向、専業化した地主の経営状況について記した。土地を持ち続けることによって保障された安定した生活は、持たざるものにとって「夢」であったのではないだろうか。

第二章では、農村を基盤に資産を貯え、江戸の地主として安定した収益を上げていた吉田市右衛門家を取上げた。町屋敷購入の経過をみると、損益について綿密な計算がされており、そうした合理性が町屋敷経営を成功させた要因かと思われる。町と地主との関係についても触れておいた。

第三章は、名主水田善三郎支配下の町々の町屋敷関係帳簿を分析し、所有関係・営業との関係・金融関係などを拾い集めた。この地域では頻繁に土地が売買され、家質の取り組みも活発であった。中期から後期にかけて、居付地主の町から不在地主の町へと激変する様相、身分を越えた土地所有の様相が明らかになった。これほど極端ではないにしても、江戸全体に同じような傾向が進行していたことは十分に推測されるところである。また女地主の実態についても触れた。女地主というより、「女名義」という表現のほうが実態に即している。

第四章では天保の地代店賃引下げの調査書を分析した。第三章からもわかるように、地代店賃問題は、地借・店借だけの問題ではなく、金融の利子、町奉行所や町会所の経費、下級武士の俸禄の一部など広汎な経済活動にかかわるものであった。その一方で政策の主眼であった裏店層の支払う店賃は目立った引下げとはならなかった。改革を推進した人びとが認識した引下げの効果は、市中全体のものとはならず、市中経済に混乱をもたらしただけではなかったのだろうか。こうした地代店賃問題が近代にどう引き継がれていくのかは今後の課題である。

第三章の地価や家質利子、第四章の地代店賃などの数値が予想以上に細かく、読みにくいものになってしまった。まとめてみて改めてわかったことであるが、この多様さ、煩雑さに時代の特徴があらわれている。当時にあっては、何かの基準とは遠いところにあった。ここにも政策推進者と、それを受ける側との矛盾があったのではないだろうか。

最後に用語について。これまでの江戸の研究では、町の起立にさいして地割りされた一筆の土地を町屋敷とよび、町屋敷を地借・店借に貸して収益を上げる経営を町屋敷経営とよぶことに合意されている。江戸の土地は身分別に、屋敷改管轄の武家地、寺社奉行支配の寺社地、町奉行支配の町地、代官支配の百姓地、町奉行の支配に入ったが年貢を納める町並地などに分かれていた。本書で扱うのは町地・町屋敷である。基本的には「町地」、「町屋敷」を使用したが、現在の観念である「土地」と表現したところもある。

目次

江戸の土地問題

第一章　鈴木三右衛門家代々の記

一　商人の時代

「江戸図屏風」の時代

鈴木三右衛門といってもほとんど知られていない人物であるが、その家の歴史は江戸の町人の一類型を示している。鈴木三右衛門家の初代は、寛永期（一六二四〜一六四四）に伊勢町（現中央区日本橋本町一・二丁目、室町一丁目のうち）で塩や米の商人として活躍し、土地を集積、その後商いから手を引いて「地主」となり、幕末まで、幕府の御用金・貸付金の対象者に挙げられるなど、有力町人の一人と見なされた家である。

寛永期の江戸といえば「江戸図屏風」の世界が思い描かれる。とくに、出光美術館所蔵の『江戸名所図屏風』は新興都市江戸に暮らすバイタリティ溢れる庶民の姿が描かれていることでよく知られている。この右隻七、八扇、日本橋の下流にいくつかの堀が描かれ、堀端のそこここに俵が積まれている。荷揚げしているグループ、喧嘩をはじめてしまった荷揚げ人足、さしを片手に品質を確かめたり、計り入れたりしている様子が描かれている。猿回しの芸をみている子どももいる。この屏風の景観年代は家光の時代、制作年代は一六三一年から一六五一年とされる。もう一つの江戸図屏風である国立歴史民俗博物館所蔵の『江戸図屏風』は家光の事蹟を顕彰し、武都江戸の描写に特徴があるとされるが、この左隻二扇目には、日本橋の下流に小網町の表示があり、たくさんの俵が積まれている様子が描かれている。鈴木三右衛門家の初代も、ここに描かれた庶民群像のなかの一人であった。

伊勢町は江戸橋のたもとから北へ穿たれた舟入堀の西側に位置する町である。この舟入堀は堀留町にぶつかって左折、室町三丁目裏で行き止まっている。左折するところにかかっているのが道浄橋である。この堀すべてを伊勢町堀という場合と、道浄橋からの東西の堀だけを伊勢町堀という場合とがある。ここでは東西の堀を伊勢町堀、南北の堀を西堀留川とよぶことにする。西堀留川の東にもう一本東堀留川（堀江町入堀、本堀留川）がある。この堀を東に上がったところが吉原であった。この掘割りによって、日本橋川を上ってきた荷物は本町・大伝馬町のすぐそばまで運ぶことができた。東西堀留川の開削は慶長一七年（一六一二）という。伊勢町も前後して起立したのであろう。伊勢町は伊勢の人が移住して町を形成したと

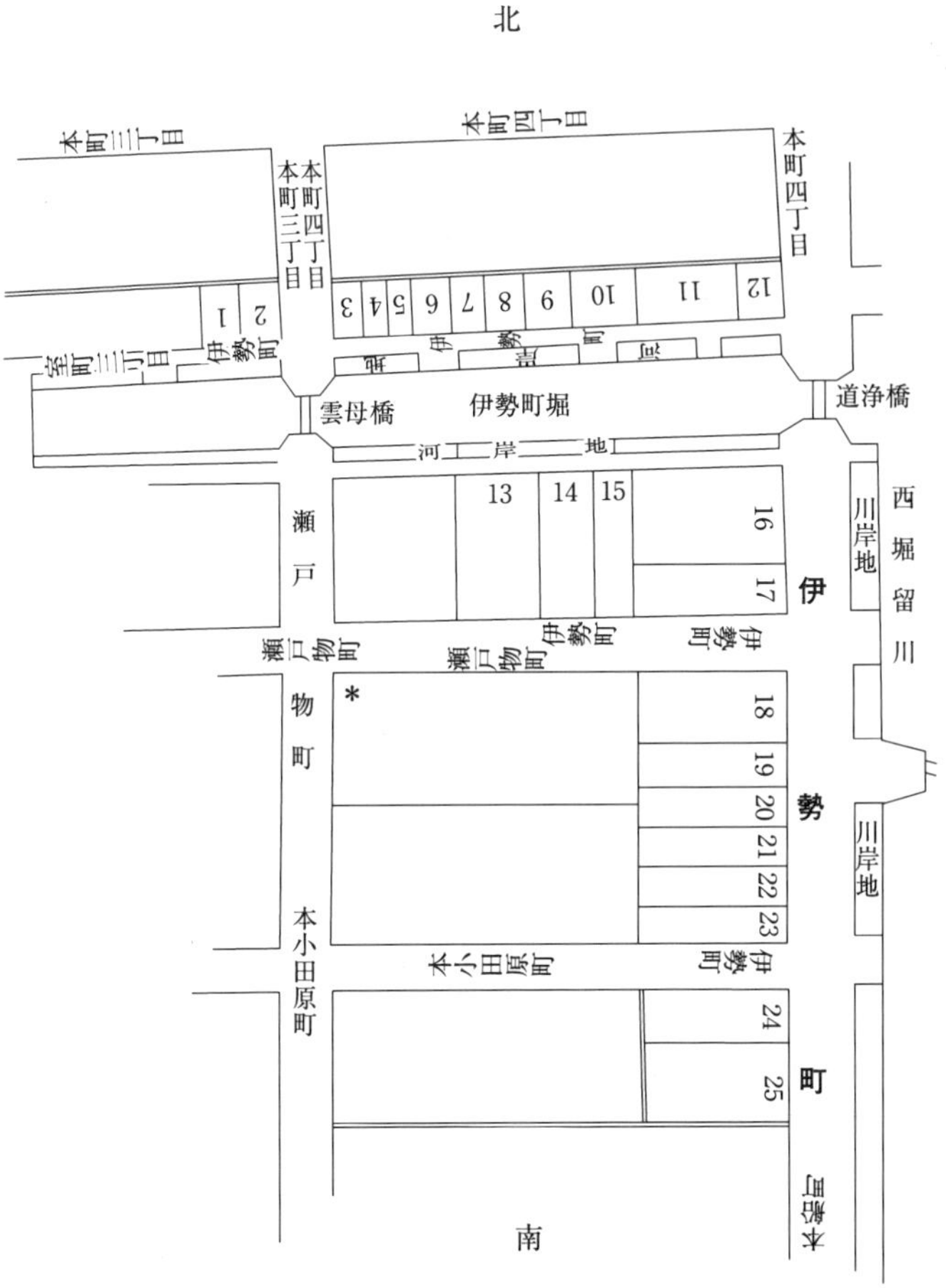

図１　六大区沽券図第一大区五小区　番号のついているところが伊勢町
（＊印は瀬戸物町鈴木家所有地面）

も、北条氏政の弟氏村が小田原落城後、伊勢氏を称してこの地に居住し、その子善次郎が名主になったともいう。「六大区沽券図」（明治六年）によると伊勢町は伊勢町河岸の北に一番から一二番、伊勢町河岸の南側から西堀留川沿いに折れ曲がって、一三番から二五番までである（図1）。嘉永六年（一八五三）の切絵図と照応している。

寛永江戸図（「武州豊嶋郡江戸庄図」）には伊勢町堀北側に「しほ町」、南側に「いせ町うら河岸」とあり、「いせ町」の書きこみは瀬戸物町通りにある。延宝七年（一六七九）の「江戸方角安見図鑑」には西堀留川西側に「いせ町」、「こめ河岸」と記入してある。『御府内備考』にも伊勢町堀の北河岸を塩河岸といい、南の河岸を裏河岸といったとある。伊勢町周辺ははやくから江戸の糧道を支えていた町であった。

伊勢町初代鈴木三右衛門

鈴木三右衛門は武州比企郡三保谷村（現埼玉県比企郡川島町）の出身である。川島町は入間川を隔てて南側が川越市である。戦前、東京市の嘱託として『東京市史稿』の編纂にも携わった島田一郎氏（号筑波、一八八五〜一九五一）は三保女の「川越紀行」に注目し、三保女が本両替三谷三九郎の娘で、四代鈴木三右衛門容寿の妻であったことをつきとめ、鈴木三右衛門家に関する史料の収集に努めた。『埼玉叢書』第二所収の「川越の紀行」、同じく第三所収の「武州比企郡三保谷大恩山広徳寺大御堂雨夜物語」（以下「雨夜物語」とする）は島田一郎所蔵となっている。東京都公文書館には、「雨夜物語」や沽券などが東京市役所罫紙に筆写されているもの、別途購入したと思われる「古証文」と題箋のある巻物類、葬礼帳などがある。「雨夜物語」の末に、広徳寺を菩提所とする鈴木家の来歴が記されている。それによれば、鈴木家中興の祖鈴木図書は牛ケ谷戸村の名主を勤め、その長男が名主役を継ぎ、次男が江戸に出て成功、三右衛門を名乗り、江戸伊勢町元祖となった。法名本性院善譽秀悦居士。父である初代鈴木図書は文禄四年（一五九五）に亡くなっているので、寛永末年には、鈴木三右衛門は五〇歳前後であったように思われる。慶安四年（一六五一）には二万両の分限者といわれ、出身地に五体の仏を安置した御影堂を建立し、錦を飾った。万治三年（一六六〇）には家督を譲っているが、亡くなったのは寛文一三年（一六七三）九月であった。享保七年（一七二二）秀悦の五〇年忌、明和八年（一七七一）一年くり上げて百年忌が行われている。かなりの長命であった。

鈴木三右衛門は「榎本弥左衛門覚書」に、「江戸いせ丁弐万両分限鈴木三右衛門殿」と記述されている。榎本弥左衛門忠重は川越の商人で、江戸で下り塩を仕入れ、川越の蔵米や近在から仕入れた米穀や煙草などを江戸で販売する「のこぎり商い」をしていた。寛永二年（一六二五）に生まれ、貞享三年（一六八六）六二歳で死去した。若い頃は血気にはやり、はなばなしい喧嘩をして命をねらわれたりしたこともあった。一四、五歳の頃から父の商売を見習い塩商いをはじめ、松山、江戸、八王子へと行動範囲を広げていき、二六歳の頃には「江戸仲買のうち一番並の塩目きき」といわれたという。榎本弥左衛門にとって伊勢町の鈴木三右衛門は大恩ある人であった。いったんは父の跡をつぐことになった弥左衛門であったが、その後母や父、弟と不和になり、弟へ財産が譲られようとしたとき、弥左衛門の商才を誉め、父との仲をとりなしてくれた一人であった。塩値段が上がったときも、値上がり前の値段で卸してくれることもあった。結果として承応二年（一六五三）、家督は弥左衛門忠重に譲られることになった。

「榎本弥左衛門覚書」に鈴木三右衛門は下り塩問屋として登場するが、榎本弥左衛門は鈴木三右衛門から米も仕入れている。下り塩の値動きは激しく、投機性の高い商品であった。「榎本弥左衛門覚書」の記述から拾うと、寛永一九、二〇年（一六四二、四三）の飢饉で上がり、その後入荷量が増え値下がりしていたが、慶安三年（一六五〇）廻船七〇艘沈没、三〇艘流される大時化のため高騰、翌四年には問屋と仲買の紛争のため高値、しかし翌年承応元年（一六五二）は一一月から一二月にかけて三千艘も入津して値が下がり、三年には鹿島浦で鰯の大漁のため三割方上がったという。万治元年（一六五八）は前年の江戸大火、天候不順のため一両に一石一斗弱という大高値、翌年は反動で一二石になるという激しさであった。慶安四年の問屋と仲買の紛争というのは、「（問屋の）脇売りを中かへよりとめんと云う、といやはいやと云う押し合い」であった。当時八〇人いた仲買は四軒の新問屋を立て、下り荷を折半することで落着したようであるが、それも長くはつづかなかったようである。行徳塩から下り塩への転換という大きな流れを背景に、浮沈をかけてしのぎを削っていたのである。こうした激しい動きのなかで鈴木三右衛門は資産を貯え、伊勢町一の地主の地位を確保していった。

寛永の沽券状

図2は寛永一九年（一六四二）、鈴木三右衛門が伊勢町にはじめて町屋敷を購入したときの沽券状、図3は同じく寛永二一年（一六四四）その隣り地面を購入したときの沽券状である。江戸ではこうした町屋敷の売買証文を沽券、または沽券状といい、権利書でもあった。転売されたときは新たに沽券状がつくられ、もとの沽券状は破棄された。表題に「家屋敷」とあるが、これは建物のことではなく、土地のことである。図2、3の地面とも文化一一年（一八一四）米仲買に売却されたが、売却に当たって、四代容寿によって写し取られ、今に伝えられたものである。「六代目鈴木三右衛門自筆　所持家屋敷売状写　全」と題箋のある表紙とも一七丁、縦一五センチメートル、横二〇・五センチメートルの横半帳で、現在東京都公文書館が所蔵している。「江戸図屏風」とちがって粗末な紙に記されたこの史料は、鈴木三右衛門家が町人身分を獲得した記念すべき史料というだけでなく、寛永期の江戸を知るうえでも貴重なものである。読み下し文は次の通りである。

〈史料一〉

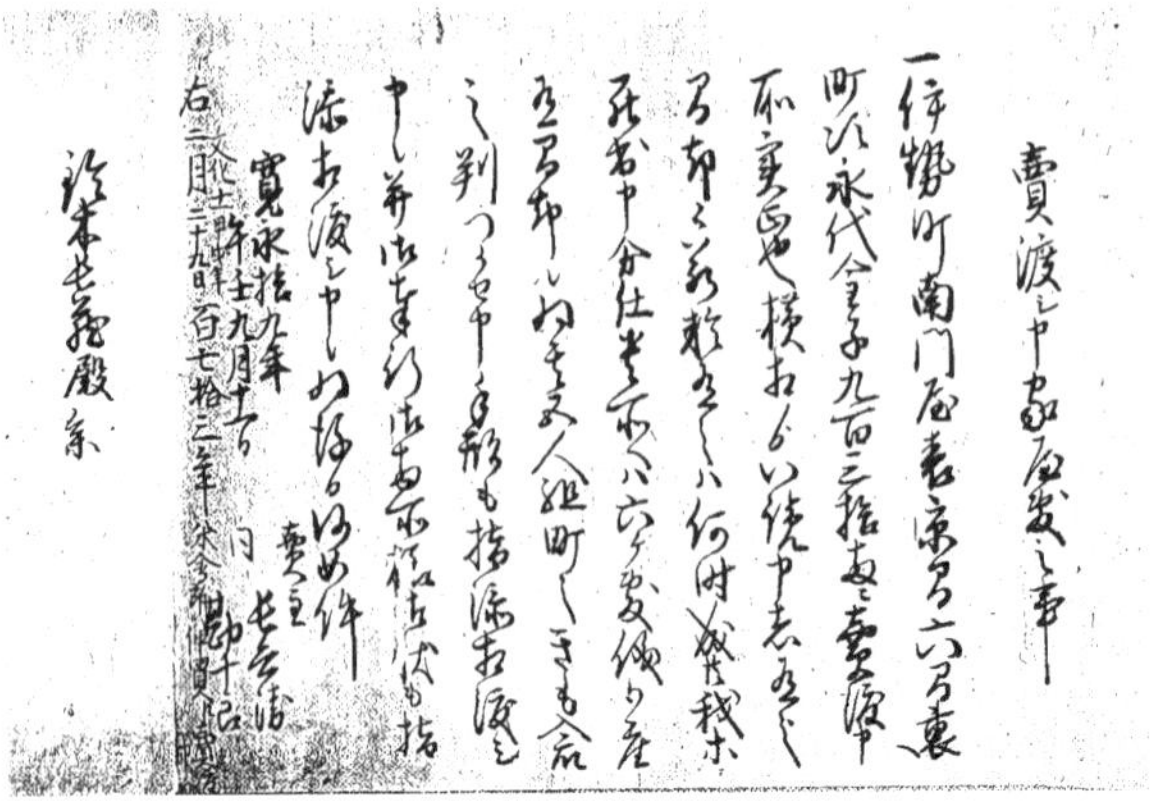

図2　沽券状（史料一、「所持家屋敷売状写」東京都公文書館所蔵）

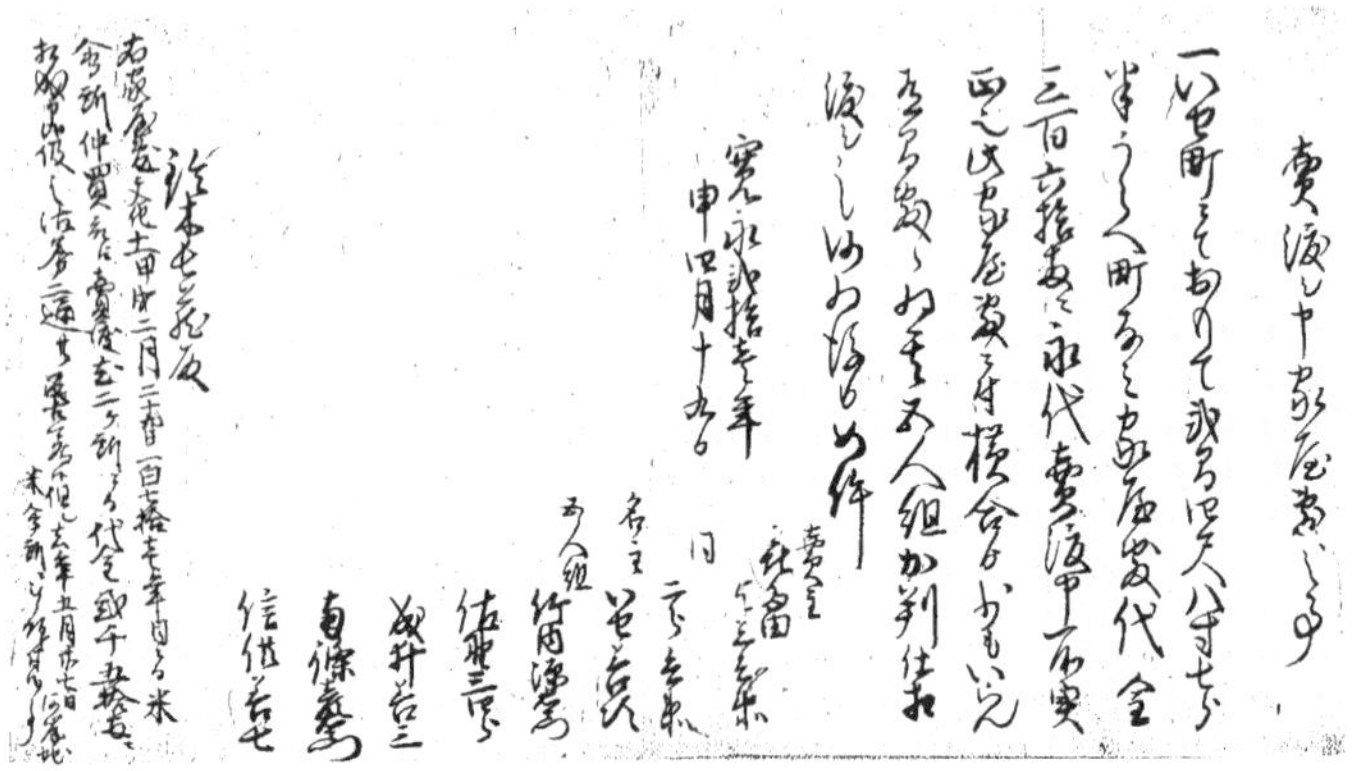

図3　沽券状（史料二、「所持家屋敷売状写」東京都公文書館所蔵）

売渡し申す家屋敷の事

一伊勢町南角の表間口京間六間、裏へ（奥行）町並み（二〇間）（の地面を）金九百三拾両で永代にわたってたしかに売渡しました、横合から異議を申し立てるものはいないが、もしそういうものがいた場合には、何時なりとも我等が対処し、貴所へハご迷惑を掛けません、そのために五人組、町のきも入衆が判を押した手形を添えて渡します、また御奉行御両所様の御状もさし添えます、後日のため仍て件の如し

寛永一九年午閏九月十一日　　売主　長兵衛

同　勘十郎

鈴木長蔵殿

参

「（朱書）右文化十一甲戌年二月二九日、一七三年めに米会所仲買へ売渡した」

〈史料二〉

売渡し申す家屋敷の事

一いせ町ニておもて間口弐間四尺八寸七分半、うらへ（奥行）町なみ（二〇間）の家屋敷を代金三百六拾両で永代にわたってたしかに売渡しました。此家屋敷について横合からは少も異議はありませ

ん、そのために五人組が加判し相渡します、後日のため仍て件の如し

寛永二一年申四月一九日

売主

喜多田与三兵衛

同　二郎兵衛

名主

いせ　善　次

五人組

竹　内源右衛門

佐　野　三四郎

成　井　善　三

南　條彦右衛門

信　供　善　七

鈴木長蔵殿

（朱書）「右家屋敷文化十一甲戌二月二十九日、一七一年目に米会所仲買衆へ売渡す、二ケ所で代金二〇五〇両、沽券二通共反古にした、去年五月廿七日この河岸地は米会所に仰付けられた」

史料一は鈴木三右衛門家の先祖長蔵が、寛永一九年閏九月に伊勢町南角の間口京間六間、奥行町並二〇間の町屋敷を金九三〇両で長兵衛・勘十郎から購入したときの証文である（表1①）。なお、京間一間は六尺五寸、田舎間一間は六尺である。史料二は同じく伊勢町の表間口二間四尺八寸七分半、奥行町並二〇間の町屋敷を三六〇両で、喜多田与三兵衛・二郎兵衛から購入したときの証文である（表1②）。朱書の書き込みによると文化一〇年（一八一三）五月にこの地面の河岸地に米会所がおかれ、翌一一年二月、米会所仲買へ二カ所あわせて二〇五〇両で売渡した。文化一〇年に設立された米会所は菱垣廻船積問屋仲間の独占化を実現した杉本茂十郎の意見を入れ、米の延べ売買をすることによって、米価の引き上げをはかったものである。運営は一二〇人の米仲買に委ねられた。文政二年（一八一九）、杉本茂十郎の追放によって廃止された。この売買は鈴木三右衛門の側からはたらきかけたものではないようである。

沽券の文面について少し検討しておきたい。まず、史料一についてであるが、南角という位置が示され、表間口間数と奥行が記されている。町並とあるのは町の基本設計で定められた二〇間のことである。ついで売買価格が記され、違乱文言がつづく。差出人は売主の長兵衛・勘十郎のみであるが、文面をみると、五人組と町の肝入り衆が押印した手形が添えられていたようである。さらに「御奉行御両所様御状も指添」と断っている。町奉行の成立は寛永八年（一六六八）の加賀爪忠澄・堀直之の就任以降で、寛永一一年（一六三四）から一二年にかけて二人制が確立したとすれば、この「御奉行御両所様」は町奉行をさすものとみてよいだろう。江戸においては、町屋敷の売買に際して、名主・五人組の承認を必要要件とし、京都・大坂のように町奉行や町年寄役所に届出る必要はなかった。この地面に何か特別の事情があったのか、または草創期の一時的な手続きであったのか判明しない。注目しておきたい文面である。

史料二の差出人は売主のほかに名主・五人組が署名している。その後、万治三年（一六六〇）に、鈴木三右衛門は同じ伊勢町で間口一六間の町屋敷を購入するが、このときの署名者は売主伊勢善六とその母、五人組と町の年寄で名主は署名していない。すでに慶安四年（一六五一）、「家売買」にあたって「名主五人組」が加判するようにと令しているが、名主のいない町もあり、町屋敷売買の手続きは一定していなかったのであろう。売主の伊勢善六は、史料一の沽券状に名主として署名している伊勢善次と同じ家のものであろうか。先にふれたように、伊勢町は北条氏政の弟氏村が小田原落城後、伊勢氏を称してこの地に居住し、その子善次郎が名主になったという説がある。その出自はともかく、伊勢町の初期の名主は伊勢氏を称していたようである。伊勢町の名主は延宝二年（一六七四）小三郎、延宝九年（一六八一）谷村彦市、宝永七年（一七一〇）、彦市は役儀を召上げられ、奈良屋の命により、大伝馬町名主馬込勘解由となった。確定はできないが、万治年間開発者でもあった名主の交代があり、名主の屋敷地が鈴木家の所有するところとなったのではないだろうか。購入にあたって花押を据えた伊勢町初代秀悦宛の礼状の写しがあることからも確かなことのように思われる。なお、かなり時代が下って、鈴木家所持地面の居住者に伊勢善六の名がある。万治三年沽券状には五人組四人につづけて嶋田一郎右衛門・舟江弥兵衛・成井善三郎の名前がある。この三人は町の年寄であろう。その一人、成井は、「砂子残月」に、常州小田城主の末裔で常陸国新治郡成井村にいたが、仕官を願って江戸伊勢町河岸に住むうち生活のため米の売買をはじめ、ここの町人になったという伝承をもつ町人である（『日本橋区史』第三冊、大正五）。浅草寺仁王門の傍らに今も残る「二尊仏」が、成井の家来高瀬善兵衛によって、主人の報恩のために貞享二年（一六八五）に奉納されたものと知って、紹介してきた沽券状との時間差が急に埋まるようである（岩淵、二〇〇三）。

伊勢町一の地主

寛永一九、二一年とつづけて伊勢町に一二九〇両の町屋敷を購入した鈴木三右衛門は、万治三年（一六六〇）伊勢町橋詰角一六間間口、三五五〇両の町屋敷（表1③）を購入し、延宝二年（一六七四）、六間間口の町屋敷（表1⑥）を二四五〇両で購入した。伊勢町にあわせて間口三〇間余、六〇〇坪以上の町屋敷を所有したのである。表1は鈴木家の町屋敷の購入状況を一覧にしたものである。購入順に番号を付けた。

六大区沽券図（図1）の16、17番は鈴木三郎助名義になっている。16番は二七五坪余、17番は一四一坪弱で合致しないが、東京都公文書館所蔵鈴木家文書にある図面によれば、③、⑥の町屋敷は、この16、17番の土地である。その一つには、一六間口と六間口合わせて二二間であるが、二間の延びがあると記され

表１　鈴木三右衛門家の町屋敷購入

	町　名	位置	間　口	奥　行	金額	購入年	売　主	売却年	金額	買　主
①	伊勢町	角	京６間	20間	930両	寛永19年	長兵衛・勘十郎	文化11年	2,050両	米仲買衆
②	伊勢町		京２間４尺８寸７	20間	360両	寛永21年	喜多田与三兵衛 喜多田二郎兵衛	文化11年		
③	伊勢町	角	京16間	20間	3,550両	万治３年	伊勢善六・母			
④	瀬戸物町	角	京５間２尺５寸	20間	2,000両	寛文11年	野地三琢・同内儀 同子喜右衛門			
⑤	瀬戸物町		田５間	町なみ（20間）	1,000両	寛文12年	宗仙			
⑥	伊勢町	角	京６間	20間	2,450両	延宝２年	又右衛門			
⑦	南鍋町一丁目		京10間	20間	530両	寛政12年	三谷勘四郎			
⑧	小網町二丁目		京４間半	西20間６寸 東15間５尺８寸	1,400両	寛政12年	三谷勘四郎	文化15年	1,164両	
⑨	瀬戸物町	角	京７間	10間	1,700両	寛政12年	三谷勘四郎	先達て売却		
⑩	通二丁目		京５間	20間	800両	寛政12年	三谷勘四郎	文化11年		通２丁目山本嘉兵衛
⑪	馬喰町一丁目		京６間	24間３尺	650両	文化11年	なか	不明		
⑫	上柳原町		京５間半	30間	400両	天保３年	本材木町６丁目 善助	天保６年	350両	新両替町４丁目 半兵衛姉

「所持家屋敷売状写」・「鈴木文書一」・「五町分屋敷録」

ている。二〇間口とすればほぼ合致する。いずれにせよ、表側は西堀留川の河岸に面し、北側二〇間が伊勢町河岸に、南側二〇間が瀬戸物町通りに面しているという、伊勢町のなかでももっとも地の利を得た町屋敷であった。それだけに、この町屋敷の譲渡人伊勢善六が開発者の一人であったことを類推させるのである。

寛永期に購入した史料一（表1①）、史料二（表1②）の位置ははっきりしない。表1①には伊勢町南角とある。鈴木三右衛門四代容寿の記した宝暦九年（一七五九）の「用事控」には、①・②を一括して下横町南角とし、③は上横町角、⑥を中横町北角と記している。この表示に従えば、①と②は、六大区沽券図の24番となる。坪数もほぼ一致する。

⑥を購入する前の寛文一一年（一六七一）、鈴木三右衛門家は瀬戸物町南側西角、間口五間の町屋敷表1④を二千両で、翌一二年その続き地面⑤を一千両で購入している。この角地の売主は野地三琢である。『日本橋区史』四（大正五）人物志に、江戸河口洲崎に澪標を建てた瀬戸物町居住の野地豊前のことが記されている。その一族からの購入であろうか。鈴木三右衛門の所有となった瀬戸物町の町屋敷は伊勢町と同じ区画にある（図1参照）。延宝二年（一六七四）、伊勢町に六間口の町屋敷を購入した時点で、鈴木三右衛門家は沽券高一万三百両の土地を所有した。武州在郷出身の鈴木三右衛門は二代にして、米・塩を中心に遠隔地商業に携わる商人の集住する町で有数の土地持に成長していったのである。

歴代の鈴木三右衛門

図4は歴代の鈴木家の当主とその妻の法名と没年を系図の形にまとめたものである。「雨夜物語」の末に付してある系図は簡単なもので写しの誤りも多かった。本図は本誓寺の記録によるもので、これによって鈴木家の系譜が明らかになった。このあと順吉、桃太郎と引き継がれ、現当主剛《ごう》氏が川越におられる。

初代三右衛門が寛文一三年（一六七三）に亡くなったことは、五〇年忌、百年忌が執り行われた年からいって間違いのないところであろう。二代は万治三年（一六六〇）には家督を継いでおり、亡くなったのは元禄三年（一六九〇）である。三代目は遅くとも元禄三年に家督を継ぎ、宝暦八年（一七五八）に死去、死後に四代が継いでいるので、七〇年近く当主の地位にあったことになる。元禄六年（一六九三）には伊勢町居住、元禄一四年（一七〇一）から享保一〇年（一七二五）までの伊勢町の記録「伊勢町元享間記」にはこの間鈴木三右衛門家の相続の記述はなく、四代目は白銀町居住となっている。このことから、三代のときに伊勢町から住居を移したのではないかと思われる。

宝暦八年家督を継いだ四代浄心の妻が、島田一郎氏が鈴木三右衛門家に関心を持つきっかけとなった三保女である。三保女には、「大和紀行」、「身延熱海紀行」、「川越紀行」の著作がある。「川越紀行」は初代秀悦居士百回忌の準備のため明和七年（一七七〇）に三保谷村を訪れたときの著述である。島田氏によれば、三保女は京都の有賀長伯に国学・和歌を学んだという。三保女が京都で学んだのは、父の三谷三九郎

図4 鈴木三右衛門家系図 年号年月日は没年（本誓寺記録）

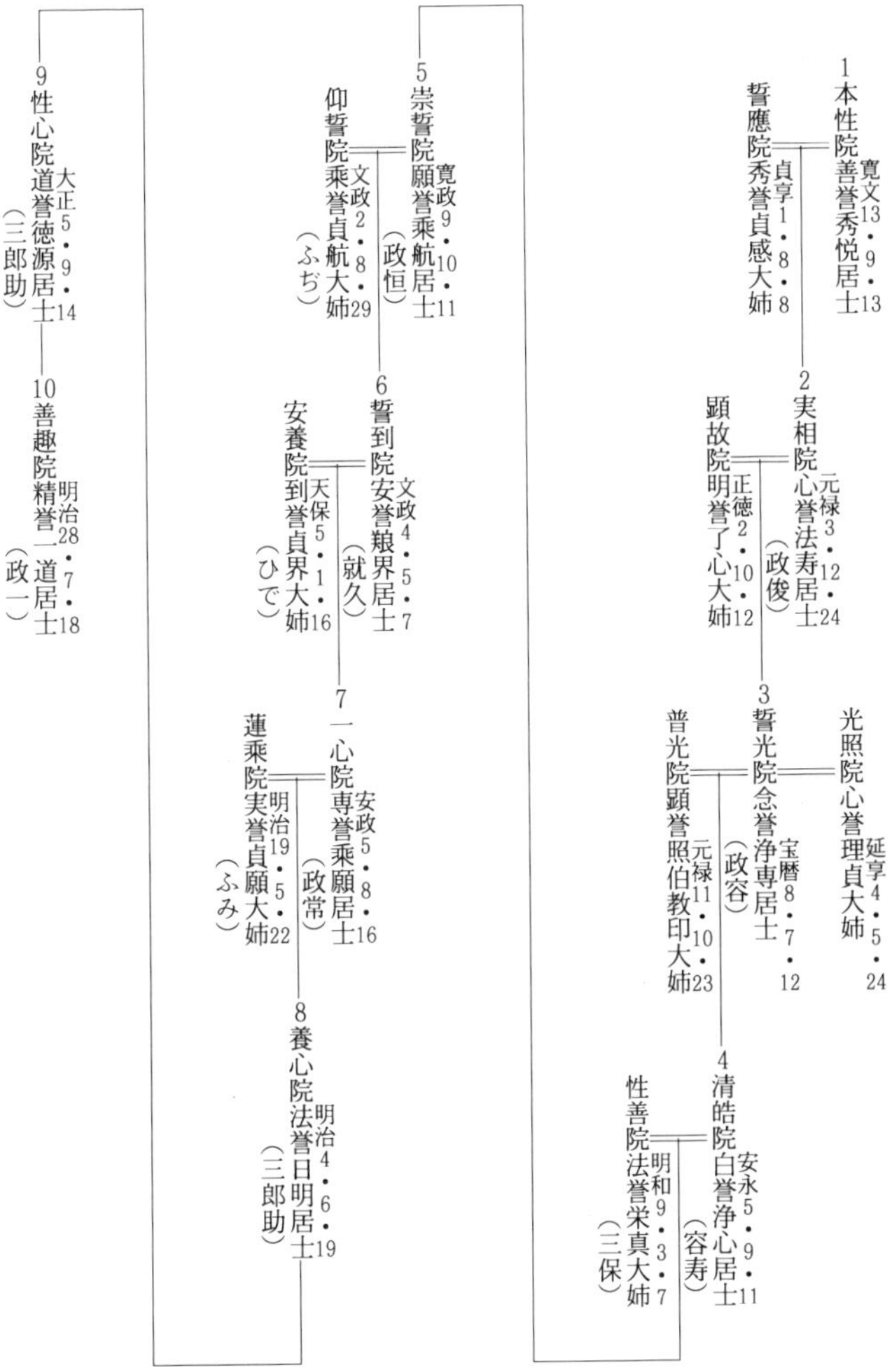

が京都の金座後藤と姻戚関係にあったからではないかとしている。そして夫の浄心も香道に造詣が深く、ともに香道を楽しみ、伊勢町の家守を勤めた石渡八右衛門には歌集もあるという。

系図によれば三保女は秀悦居士百年忌の翌年、夫に先立って亡くなっている。四代容寿が普光院の子か光照院の子かはっきりしない。没年からいって光照院の子かと思われる。四代の当主の期間は短い。当主としての父の強い庇護のもと、上流の町人と交わり、文事を楽しむ優雅な暮しが可能であった。

五代の没年は寛政九年（一七九七）、居住地は坂本町であった。六代は天明八年（一七八八）生まれ、寛政一〇年（一七九八）家督相続、文政四年（一八二一）に死去。吐屑という俳号をもち、寛政一二年（一八〇〇）には小舟町、文化三年（一八〇六）には小松町に居住していた。七代目は文化一〇年（一八一三）生まれ、文政五年（一八二二）家督相続、安政五年（一八五八）没した。文政一三年（一八三〇）には左内町、弘化三年（一八四六）には火災のため深川材木町に転宅した。第五章で紹介する「日記」は七代目の時代のものである。八代目は先代の没後数年置いて、慶応三年（一八六七）相続、慶応二年に伊勢町に戻っている。没年は記されていない。「日記」によれば、七代死去のときすでに元服をすませている。鈴木剛氏によれば、八代が初代三郎助を名乗り、政一氏が三代を名乗ったといわれる。

このようにみてくると、当主は比較的長命の方が多く、確認される限りでは実子で継承されている。

初代三右衛門が塩や米の流通に携わっていたことは、榎本弥左衛門が書き残したものによって判明する。その後商売が継承されていったかは不明である。「諸問屋再興調」には享保七年（一七二二）の塩問屋と廻船問屋との紛争、寛政二年（一七九〇）の下り塩仲買人数書上などが記録されているが、鈴木三右衛門の名はない。東京都公文書館所蔵の鈴木三右衛門家文書の大半は文化年間以降のものであるが、商いにかかわる記録はない。御用金の項で述べるように、文政二年（一八一九）貸付金の減額を申請する文面に、「年来無商売」と記し、文化一〇年（一八一三）御用金において十組以外の出金者のなかに名前がある。文化一二年（一八一五）改版の長者番付「江戸じまん」（『番付集成』上）は営業種目に「地主」があって、鈴木屋三右衛門は地主、小松町として記載されている。問題は、いつ商業活動から撤退したかである。伊勢町から白銀町への転居が商業活動からの撤退を意味しているのではないだろうか。とすれば十八世紀始め、三代目の時代に商売を止め、四代目の時代は地主としての経営に移っていたのではないだろうか。

二　地主の時代

しもた屋

鈴木三右衛門家の動向は、かの有名なる奈良屋茂左衛門のことを思い起こさせる。奈良屋茂左衛門安休は日光東照宮御用材木の納入を手はじめに、材木商人として一代で巨万の富を築き、正徳四年（一七一四）

没した。家屋敷三〇筆四万四五一〇両、有金四万八〇二〇両、貸金四万両という資産の配分を遺言状に認めたが、そこで安休は、資産を投入して商いをしないこと、何事もつましくして、店賃・貸金利でそれぞれの資産の永続を図るようにと言いおいている。店賃や貸金の利子は多いようでも火難というものもあり、半分は予備と考えておくようにとも言い添えている。安休の心配りもむなしく、五代茂左衛門安知、その弟安左衛門安再ともにさまざまなエピソードで語られる豪遊によって資産を消費し、天明期には家屋敷一二筆一万一〇九両、家質貸金四四五〇両にまでなっていた。それでも幕末まで江戸の分限者の一人としての地位を保っていた。文化一〇年の御用金では二五〇両を出金している。地代収入に依存して「商いせざる町人」、すなわち仕舞屋《しもたや》が社会の一階層として形成されてくるのは、元禄期からといわれるが、鶴岡実枝子氏は、奈良屋茂左衛門安休の意図を時流に即したものとみている（鶴岡、一九七五）。

奈良屋茂左衛門安休が遺言状を認めたのは、鈴木家でいうと、三代の時代である。資産は最盛時で一万数百両と奈良屋茂左衛門より劣るが、つねに御用金賦課の対象者である。鈴木三右衛門家においても、時流に即した転換が行われたのであろうか。

伊勢町の米商人で、鈴木家の寛永期の沽券証文にも名を列ねている成井家においても、親の訓戒にもかかわらず武家風を好み、延享頃（十八世紀半ば）から資産を費消していったという（岩淵、二〇〇三）。天明八年（一七八八）、新たに勘定所御用達が任命された。これは、天明七年（一七八七）の打ちこわしを受けて、米価安定のための資金を確保するためのものであった。そのなかの仙波太郎兵衛、川村伝左衛門らの肩書きは「無商売」と記されている。いずれも金融業をてこに土地を集積し、その土地所有高ゆえに勘定所御用達に任命されたのである。

一九世紀に入ると、地主は無商売ではなく、業種の一つとして認められてくる。文化一二年（一八一五）改正の「江戸じまん」という番付には、記載されている一八〇名中地主として記されているものが一九名あり、その一人が小松町鈴木屋三右衛門である。この「江戸じまん」は、勧進元は白木屋彦太郎・越後屋八郎右衛門であるが、行司・年寄には三谷・海保・竹原・中井などの両替商が占め、東の大関は酒問屋鹿島清兵衛に対し、西の大関は仙波太郎兵衛が挙げられるなど、地主、金融関係のものが幅をきかせている。「無商売」のものが資産家として認められ、そのなかに地主もかなりの割合を占めるようになっていたのである。

江戸十人衆の一人か

鈴木三右衛門家の史料収集に努めた島田一郎氏の研究に「三保女の「川越紀行」」がある。ここで島田氏は三保女のことを、「日本橋伊勢町の地主で、江戸の十人衆とよばれたる鈴木三右衛門の妻」としている。この江戸の十人衆については、「冬木沿革史」で根拠を示している（島田、一九八六）。それは次のような史料である。

口上書の覚

一昨年の冬類焼した町々に対し、今後飛火を防止するよう仰付られたので、町内一同相談し、塗家土蔵作りにすることに決めた、町内の家持（居付地主）の方々は、さっそく普請に取り掛かることを申合せておられるが、私ども（地借り）は度々の類焼で困窮し、家作（普請）を仕かねている、こうした状況なので、手軽な塗家にするほどの資金を助力してくださるようお願いいたします。以上。

寅正月

文左衛門印
三郎左衛門印
平右衛門印
弥右衛門印
忠右衛門印
武右衛門印
八右衛門印
平三郎印

三谷善次郎様
成井次郎助様
矢野四郎兵衛様
三井次郎右衛門様
上田小平次様
津国屋市十郎様
富永建意様
丸屋庄兵衛様

九兵衛印
宇兵衛印
三吉印
新七印

島田孫兵衛様
稲葉勘平様
鈴木三右衛門様

島田氏はこの史料にある去冬を宝永六己丑年（一七〇九）のこととし、一二月二九日浜町村松町から出火した火災の類焼者が、翌七年寅正月に、当時の御用商人で富豪の人たちに家作の合力を願い出たものとしている。しかし江戸の冬期の火災は西北の風にあおられて大火となる例が多い。史料の「飛火移し申さざるように仰せ付けられ候」、「塗家土蔵作りにする相談」などの文面から検討すると、丑年の火災は享保六年丑年（一七二一）一二月一〇日神田三河町から出火し、通町筋から八丁堀辺まで焼いた火災で、口上書の寅年は享保七年寅とみた方が適合する。様付の一一名のうち、三谷善次郎・成井次郎助・矢野四郎兵衛・三井次郎右衛門・上田（冬木）小平次・津国屋市十郎・丸屋庄兵衛の七名は「伊勢町元享間記」に地主として登場する。島田孫兵衛は島田貞円、稲葉勘平は稲葉又左衛門に当てられる。鈴木三右衛門については家主石渡八右衛門・石渡平三郎がいる。見当たらないのは富永建意だけである。このことから、この合力願いは、伊勢町の地主に対して地借りなどが塗家造りをする費用の援助を願い出たものといえる。塗屋土蔵造りにするには費用もかかる。そのため塗家講などをつくり、奉行所の防火政策に応じられるよう準備している町があるほどである。したがって、残念ながら、この史料をもってここに記されている一一名が江戸の十人衆であり、鈴木三右衛門がその一人であったとはいえないのである。伊勢町ではそう思われるだけの資力のある町人が土地所有者であった。

御用金

鈴木三右衛門家は、塩・米の商いから撤退し、無商売になってからも、江戸の資産家の一人として、その資力が期待された。天明八年（一七八八）、幕府は勘定所御用達七名（寛政元年三名追加）を任命し、主として米価調節のための資金を確保しようとした。しかし、経済活動の発展にともなう諸物価に引きくらべての米価安を食い止めようとするには、とうてい資金が不足した。文化期以降、江戸・大坂町人に対して莫大な額の御用金が再三命じられている。この御用金の出金者のなかに鈴木三右衛門の名がある。文化三年（一八〇六）小松町鈴木三右衛門五〇〇両、文化一〇年（一八一三）小松町鈴木三右衛門三〇〇両、嘉永七年（一八五四）深川材木町鈴木三右衛門九〇両である。文化三年の申渡の内容は不明だが、文化三年一一月から一二月にかけて褒美金の下付を伝えた文面には、「武家在町共融通」のため、国恩に報いる冥加としての出金とある。この年一〇月、米価下落、火災などにより市中が不景気なので、米価引き上げのため、米商人や札差に米の買上げを命じるとともに、町ごとに、町として、また資力あるものが個人として米を買い上げるよう命じた。南伝馬町二丁目他五カ町で二三〇俵、七七両三分余という数字がある（「撰要永久録」公用留一六）。この買持米の過半は本所御蔵に保管されることになった。翌四年二月、本所御蔵に保管された買持米の代金が支払われているが、これは御用金によって賄われたのであろう。市中全域にわたる御用金を使って、武家方の生活維持のための米価引き上げをはかったものである。

文化一〇年の場合の出金額は、菱垣廻船積仲間十組問屋出金の分が四〇八人、五万一〇〇両、その他のものが五〇七人、一二万三七一〇両、合計九一五人、一七万三八一〇両であった。鈴木三右衛門は後者である。そのうち文化三年に出金していないものが十組で七〇・三％、その他で七七・三％と新しい層の広がりがみられる。十組以外の方が一人あたりの出金額が多いのは、勘定所御用達など金融関係のものが多額の出金に応じているからである。文化一〇年といえば杉本茂十郎らのはたらきかけによって、菱垣廻船積仲間十組問屋が六五組、一九九五株の排他的な株仲間となり、年々冥加金一万二〇〇両を上納することになった年である。年々一万両からの冥加金を納める一方、御用金の調達にあたっても大きな役割を果たしたのである。

ついで嘉永七年（一八五四）、鈴木三右衛門は九〇両と少額である。

町奉行所直接の御用金のほかに、天保七年（一八三六）、救済資金の枯渇した町会所に二千両の出金をしている。これは米価引下げのため、江戸へ緊急に米を買い入れる資金を調達するためのものであった。江戸市中に広汎に割り当てた御用金とちがって、札差仲間に一〇万両、播磨屋新右衛門・高崎屋長左衛門など五千両が一〇人、二千両三四人といった割り付け方であった。二千両三四人のなかに鈴木三右衛門の名前がある。天保七年一二月二八日、佐内町惣七借地鈴木三右衛門は、「この度はいろいろ工夫して二千両を上納したが、もともと手薄の身分で、御公儀の御用を勤めているような資産のある者たちと同様の御用向きを命じられても勤めかねるので今後は免除して欲しい」と奉行所に願い出ている。資産が過大に評価されたものと思われるが、伊勢町の地主として、金融での貸主として、資産家の一人と認識されていたのであろう。

御用金のほかに、飢饉や災害のとき、居住地周辺の人びとに救済金を支出している。天保八年（一八三七）には竹やくら女、鈴木三右衛門、和泉屋甚兵衛、会津や新蔵四名が拠出して、佐内町住民に金一分ずつ施している。安政二年（一八五五）には、地震被災者救援のため、深川材木町平四郎地借三右衛門は一二両三分を拠出している。

貸付金の運用

先に文化三年（一八〇六）の御用金の目的が米価引き上げにあったと述べたが、竹内誠氏は、御用金の多くが公金貸付に流用されていったことを明らかにしている。文化三年から一〇年までの御用金一四〇万両の二七・三％、三八万四〇〇〇両が公金貸付に回されていた（竹内、一九六一）。そのなかには文化五年（一八〇八）以降の江戸町年寄樽与左衛門取り扱い六万七三九九両、文化一一年（一八一四）以降の江戸町年寄取り扱い一七五一両がある。すでに町年寄を通しての貸付金は、明和六年（一七六九）からの在方手当貸付金一万両、翌七年御台様貸付金、両替商に対する町年寄の自己資金、明和八年（一七七一）在方手当貸付金五万両など田沼時代の財政政策の一つの特徴をなすものであった。こうした幕府自らの利殖活動の行き着いたところが、農村は石高に、町方は間口単位に押しなべて御用金を賦課し、武家方貸付の原資にするという融通御用金制度であった。この政策は田沼意次の命取りとなって潰れたが、幕府が町人に出資させた資金の金主になって利子稼ぎをするという手法は、継続、発展していったのである。

史料的制約もあって確定できないが、鈴木三右衛門が町年寄貸付金を預かるのは文政二年（一八一九）以降のようである。町年寄貸付金の貸付条件は期間五年、年一割の利息、利息は翌年の正月に納入、家質なしであったが沽券金高、正味上り高、親類書、名主が返済を保証した一札などを提出している。当初七〇〇両を割り当てられたが、年来無商売、上り高による暮し向きの余裕はなく、武家方からの仕送りも受けず、借用金を貸し付けても利安のため収入に乏しいという理由で三〇〇両に減額してもらっている。その後、文政七（一八二四）、同一二（一八二九）と五年ごとに更新されたが、弘化三年（一八四六）正月類焼、佐内町での再建のめどが立たず深川へ転居したのを機会に、瀬戸物町地所を家質にして貸付金を返納、以後貸付金を辞退した。

嘉永五年（一八五二）、三井家の取り扱う上野御貸付金から五〇〇両を預かっている。文面には「我等要用につき」とあるが、鈴木家からのはたらきかけによるものかどうかは不明である。貸付条件の記載はなく、礼金、謝物などいっさいないなしとの文言がある。文政二年のときには貸付金を受けるに当たって一七両余の出費をしている。内訳は、三町年寄広間と番頭へ四両一分、減額申請にかかわるものであろうか、三谷内庄蔵へ内々頼みの礼として五両、奈良屋へ白縮緬一疋、その他町年寄手代などへの心づけ、干菓子・蒸菓子の代、名主・名主代・家主・書役への礼金などである。貸付金をのぞんでなかったとしたら、まさにありがた迷惑な話であった。

三　鈴木三右衛門家の経営

町屋敷所有高

鈴木三右衛門家の町屋敷売買を一覧にした表1（二四頁）を再度ご覧いただきたい。寛永一九年（一六四二）の①から延宝二年（一六七四）の⑥まで、初期に購入したものが基本である。その後寛政一二年（一八〇〇）に、南鍋町一丁目で五三〇両、小網町二丁目で一四〇〇両、瀬戸物町で一七〇〇両、通二丁目で八〇〇両と四カ所の町屋敷を購入している。この売渡人はいずれも三谷勘四郎である。三谷家と鈴木三右衛門家は縁が深く、鈴木家四代浄心の妻は三谷三九郎の娘であり、その男子の一人が三谷善次郎方の養子となり、女子の一人が三九郎方へ嫁いでいる。『伊勢町元享間記』には家持として三谷三九郎・善次郎の名がある。小網町二丁目の地面については、「手前名前にて三九郎殿地所之所、文化一一年千両にて手前持地所になる」と断り書きがある。通二丁目の町屋敷は五間口であるから異常に安い値段である。南鍋町の町屋敷も、後のことではあるが千両の価値があるといっている。したがって、寛政一二年の一連の購入は、町屋敷の集積を目的とするものではなく、親類関係での資金の融通合いであったと思われる。天保改革まで家質証文と売渡証文の形式はまったく同じであったから、売渡の形をとって資金を融通したのかもしれない。天明六、七年（一七八六、八七）、本両替は三井次郎右衛門と三谷三九郎・勘四郎・善次郎・庄左衛門・喜三郎の六名であったが、寛政一二年（一八〇〇）には三井次郎右衛門、三谷勘四郎・喜三郎の三名になり、文化三年（一八〇六）には三井のみ、その後大幅なメンバーの交代があって、三谷家は本両替の地位を失っている。したがって寛政一二年、親類一同勘四郎をバックアップしたものかもしれない。実態はともかく、この時点で沽券高は一万四七二〇両と最高の所有高となる。

⑦南鍋町一町目の町屋敷は明治維新まで手放していないが、⑧は文化一五年（一八一八）に一一六四両で売却、⑨は時期も買い手も不明だが売却、⑩は文化一一年（一八一四）に通二丁目の茶問屋山本嘉兵衛

（鈴木文書一）

河岸地代（坪）	上ハ家代（坪）	年間上り高	町入用 家守給等	地主手取	3月引下げ後
2匁、1匁9分		銀15,071匁	銀 4,760匁	銀10,311匁	銀 9,795匁
2匁		銀 6,617匁	銀 1,920匁	銀 4,697匁	銀 4,462匁
	2匁5分	銀 8,171匁	銀 2,660匁	銀 5,511匁	銀 5,235匁
	1匁7分	銀 4,877匁	銀 2,160匁	銀 2,717匁	銀 2,581匁
		銀34,736匁（578.9両）	銀11,500匁（191.7両）	銀23,236匁（387.3両）	銀22,073匁（367.9両）

に売渡している。金額は不明である。こうした動きとは別に、文化一一年、鈴木三右衛門家にとって記念碑ともいうべき①、②を、あわせて二〇五〇両で米仲買衆へ売却する。その前年、この地は米会所に指定されたというので、鈴木家の側の都合で売却したものではないだろう。この米会所は十組設立にかかわるものである。

⑪は寛永期の沽券状が写されている「六代目自筆所持家屋敷売状写」に記されているものだがいつまで所持していたか不明である。少なくとも天保一三年（一八四二）には所持していない。⑫は文政六年（一八二三）に四〇〇両の家質にとった地面が流れこんできたもので、天保六年（一八三五）三五〇両で売却している。

表1でわかるように、延宝二年以降鈴木三右衛門家が積極的に町屋敷を購入する姿勢はみられない。伊勢町の六間と二間余の町屋敷の場合は米会所がらみだとしても、天保改革時点で伊勢町二筆、瀬戸物町二筆、南鍋町一筆の五筆、九五三〇両を所有するのみで、むしろ売却傾向にある。また、転売によって収益を上げようとした形跡もない。

表 2　天保期地代店賃収入（「年間上がり高」以下は匁以下四捨五入）

位　　置	間口×奥行（間）	沽券高（両）	地　代（坪）		
			表	横	裏
①伊勢町橋詰角	16×20	3,550	4 匁 3 分	3 匁 2 分	2 匁 5 分
②伊勢町橋詰より 2 軒目	6 ×20	2,450	角地 4 匁 8 分 4 匁 3 分	4 匁 1 分 5 厘	2 匁 5 分
③瀬戸物町南側西角	5.4×20	2,000	角地 4 匁 8 分	3 匁 5 分（③④）	2 匁 5 分
④上記隣地面	5 ×20	1,000	4 匁		
⑤南鍋町 1 丁目南側西角より 2 軒目	10×20	530	3 匁 7 分		2 匁
計		9,530			

地代店賃

天保一二年（一八四一）、当時の鈴木三右衛門が作成した覚書によると、年間の収入は四二一両余、支出三八六両となっている。

収入　　　　四二一両
　地代収入　　三七三両
　　伊勢町二五〇両、瀬戸物町八五両、南鍋町三八両
　家質利子　　四八両
　　四〇〇両、三五〇両、二五〇両の三口
支出　　　　三八六両
　利子　　　八六両
　　三〇〇両（公金）、一〇〇〇両、四〇〇両の三口
　家内暮し方一式　三〇〇両
残金　　　　三五両

収入の九〇％近くが地代収入である。とくに伊勢町の比重が大きい。利子収入は家質だけで、払わなければならない利子を下回ってい

る。家質や利子収入については後に触れるとして、地代店賃収入について内訳を見ておこう。天保一三年（一八四二）、地代店賃引下げに当たって作成されたものを一覧にしたのが表2である。伊勢町の宗左衛門店は地借九戸、市左衛門店は地借四戸に貸していた。瀬戸物町の③・④は家守幸七、地借一一戸、店借一戸であった。畳屋、籠屋、大工、髪結なども地借である。店借はすし屋とある。南鍋町は地借五戸、店借五戸、肴屋、湯屋も地借である。伊勢町橋詰角①の場合、西堀留川に面した表坪（通りから奥へ五間分）が坪あたり月額四匁三分、伊勢町堀に面したところの表（同じく五間分）が三匁二分、裏地面が二匁五分である。外に河岸地代が、西堀留川のほうが二匁、伊勢町堀一匁九分で、月額収入一二五五匁八分五厘三毛、年間一万五〇七〇匁五分三厘六毛である。ここから定式町入用、河岸上納金、家守給料を差し引き、一万三一〇匁五三六、金にして一七二両弱の収入となっている。②は道浄橋に面した角地①の南隣りで、瀬戸物町への通りの角である。この角地の坪あたり月額地代は四匁八分、河岸に面した表坪、その裏坪、河岸地代は、①と同じに四匁三分、二匁五分、二匁である。伊勢町堀よりも西堀留川の方が利用価値が高くなっていたようである。②の年間上り高は六六一六匁七分四厘、諸入用差引四六九六匁七分四厘、金にして七八両一分余である。

③・④は西堀留川河岸から室町の通りへぬける東西の道と、魚河岸から本船町・安針町・本小田原町とつづく南北の道とが交差する角にある。この角地の地代は月額四匁八分、東西の道に面した表側が四匁、

南北の道に面した表側が三匁五分、裏が二匁五分となっている。四坪ほどの貸店一軒があり、「上家代」月額一〇匁ほどとしている。年間上り高は八一七〇匁八分、諸入用差引五五一〇匁八分、金にして九二両弱の収入となった。

⑤南鍋町の表地代は月額三匁七分、裏地代二匁である。ここには二五坪の長屋があり、その上家代坪あたり一匁七分、店賃としては月額坪三匁七分となる。この時期、裏地面に三四、五坪の明地があるとしている。ここの年間上り高は四八七七匁、諸入用差引二七一七匁、金にして四五両余となる。五カ所あわせて銀二万三二三〇匁、金にして三八七両と銀一〇匁となる。さきの天保一二年の覚書では三七三両であった。これは臨時の支出や非常の際の出費が入っていないので、実際の収入はもっと少なかったであろう。鈴木三右衛門は地代店賃の利まわりを三％前後としているが、三百七、八〇両の収入を確保できたのは伊勢町・瀬戸物町といった一等地の地主だったからである。

安定した貸し付けであったといっても、時には徴収不能の場合もあった。瀬戸物町の善次郎は地代八両三分余を滞納、家守が斡旋して、住居を売って地代の返済にあて、転居することになった。善次郎は長いこと病気で困窮しているので、特別のはからいで合力金三両三分を与えた。寛政から文化にかけての頃、伊勢町家守文左衛門の兄は一三〇両余の地代を滞納した。河岸の倉敷料など兄の手を通さず直接文左衛門が徴収し、返済することになった。しかしなかなか解決せず、出訴も辞さないと迫り、土蔵などを売却し

質置主	利金（月額）	備考
伊勢屋四郎兵衛	1両3分2朱	津軽御用達、伊勢町住
木曽屋弥兵衛	1両ト銀2匁5分	塗物問屋、煙草問屋、大鋸町地主
箱根屋金兵衛	191匁2分5厘	両替商、文政3売却
大野治助	1両1分	八丁堀アサリ河岸
藤兵衛	3両3分	浄土宗深川雲光院地中照光院旦那 浄土宗明西寺旦那
		禅宗海雲寺地中雲海院旦那 一向宗東本願寺地中聞成寺
本材木町善助	銀100匁	天保3年鈴木三右衛門400両にて購入

て返済することになった。最後はどのように決着したかわからないが、文左衛門は家守役を交代させられている。

天保一三年（一八四二）の地代店賃引下令に先立ち、鈴木三右衛門家では、三月に、地代一率五%引き、店賃一〇%引きとした。この引下げによって、鈴木家の収入は二〇両の減収となった。店賃が少ないため、率としては五%ちょっとである。

金融業——家質

六代鈴木三右衛門自筆の「所持家屋敷売状写」には当時の家質についても記されている。家質とは土地を担保にした金融である。それによると、文化一四年（一八一七）から文政二年（一八一九）にかけて、四筆、一八五〇両の資金提供をしていることがわかる。表3は鈴木家が金主となった家質について断片的なものも含めて一覧にしたものである。①文化一四年（一八一七）、小伝馬町二丁目表間口五間余、奥行二〇間の土地を担保に四五〇両を居付地主、津軽御

表3　鈴木家家質（「所持家屋敷売状写」「鈴木文書一」）

	町　名	間　口	奥　行	家質金	年　月
①	小伝馬町2丁目	京5間1尺5寸	20間	450両	文化14年
②	因幡町	京3間2尺7寸	20間	250両	文化15年
③	滝山町	田7間半	21間2尺	850両	文化15年
④	南紺屋町	京4間3尺8寸 裏幅6間2尺	南5間6尺1寸 北5間1尺7寸	300両	文政2年
⑤	小伝馬上町	京5間	20間		明和3年
⑥	神田蝋燭町	京6間4尺2寸 裏幅5尺	22間3寸 20間3尺5寸	300両	天明6年
⑦	本銀町3丁目	田5間	20間		天明8年
⑧	新材木町	京3間	20間		
⑨	上柳原町	京5間半	30間	400両	文政6年

用達伊勢屋四郎兵衛に、②文化一五年（一八一八）に因幡町表間口京間三間二尺七寸の土地を担保に二五〇両、木曾屋弥兵衛に、③文化一五年滝山町角地田舎間七間半、奥行二一間二尺の土地を担保に八五〇両、箱根屋金兵衛に、④文政二年（一八一九）南紺屋町表京間四間半余、南北奥行き五間半ほどの土地を担保に八丁堀あさり河岸大野治助に三〇〇両を貸し付けている。利子は①月に一両三分二朱、年利四・八%、②月に一両と銀二匁五分、年利五%、③月に銀一九一匁二分五厘、年利四・五%、④月に一両一分ずつで年利五%である。貸金利息上限二五両に月一分、年利一二%にくらべてかなり低い。この利子収入は年八七両一分余となる。天保一二年（一八四一）の概算とほぼ一致する。

伊勢屋四郎兵衛は享保期に伊勢町で米問屋を営んでいた家の系譜を引くものであろうか。木曾屋弥兵衛・箱根屋金兵衛ともに文化三年、一〇年の御用金を拠出している。木曾屋は十組の塗物問屋と煙草問屋の株をもっているが、文化一二年「江戸じまん」には大鋸町地主となっている。箱根屋は両替商である。同業者間での資金融通が行われていたのだろうか。この史料の筆者六代目鈴木三右衛門が文政四年（一八二一）に死去するまでの間に返却されていないが、流地として鈴木三右衛門家の所有地ともなっていない。貸借関係は据え置かれていたのであろう。

東京都公文書館所蔵鈴木三右衛門家文書のほとんどは化政期以降のもので、貸金関係でも、それ以前は断片的である。明和元年（一七六四）、上総真里村清七、太郎兵衛から腰高儀兵衛に宛てた借用書がある。腰高儀兵衛は鈴木家の番頭格のものである。一〇年前、田地一五〇〇坪を担保に一七両借用した証文を書き換えたものである。もう一つ、同二年（一七六五）一〇〇両借用の担保に入れておいた金杉村屋敷地一反六畝二四歩を流地にするというものがある。流主源左衛門、受取人は百姓三右衛門である。この時期、農村への金融を行っていたのであろうか。

⑤から⑧は「家屋鋪売渡証文写」とある表紙とともに綴られているもので、売渡証文と家守請状がセットになっている。売主・買主・金額・地代店賃が何右衛門とか誰殿とか何両とか抽象化されているが、雛形としては位置などが詳しく、旦那寺などは具体的である。一八世紀半ばにおける鈴木三右衛門家の家質の痕跡をのこすものかと、ピックアップしてみた。

⑨は上柳原町の「家質帳」に記載されていたものである。鈴木三右衛門は文政六年（一八二三）、表間口五間半、奥行三〇間の地所を担保に四〇〇両を年利五％で善助に貸し、返済不能となって、天保三年（一

八三二）四〇〇両で引き取った。実際にはいくらのお金が動いたのかはわからない。この土地はまもなく三五〇両で売却されている。伊勢町・瀬戸物町にくらべ、安定した地代店賃の収入が見込めないとの判断かもしれない。

返済不能になった場合の処理の仕方を示す一例がある。文政一三年（一八三〇）九月、下谷坂本町四丁目家持権兵衛は住居としている地面を家質にして鈴木三右衛門から三〇〇両借用した。このときの条件はわからないが、天保九年（一八三八）八月時点で元金五〇両と七月までの利息を支払い、新たに二五〇両の家質契約を取り結んだ。翌年一二月までに元金利子とも支払う約束であったが、その後権兵衛が病死、嘉永五年（一八五二）春からは利息も支払えない状況になり、別口からの家質で返済しようとしたが二〇〇両しか借りられなかった。長屋の普請に七〇両もかかってしまったため、結局嘉永五年（一八五二）一〇月、金主鈴木三右衛門へは一三〇両返済、残金利子とも、一三〇両余のうち六〇両放棄、残り七〇両を新規に借用することになり、土地は売却されずに済んだ。七〇両は無利子、二〇カ年の間に「手都合次第返済」というものである。二〇年以上にわたる貸借関係がつづいた果てに、当初貸金の半額以上を放棄したに等しい。しかし、家質利息年五％として、二五〇両の利子は年に一二両二分、天保九年から嘉永五年まで一四年間で一七五両になる。それは破棄したに等しい一三〇両を上回る額である。家質は大きな儲けとならないにしても、貸し手にとっては危険性の少ない金融関係であった。

貸金

天保一二年の収支概算には貸金利息は含まれていない。鈴木三右衛門家ではお金を貸してはいるが、とりたてて収入というほどのものはなかったようである。残されている貸金関係の証文を整理してみた。

〔出入の者〕

1　大工新助　天保一二年（一八四一）二月、南塗師町家主新助と倅弥吉連名で鈴木家あてに六両二分の借用書を入れている。これは数年前商売元手金として借りた一〇両のうち返済しきれなかった分である。無利子で、これは当初からのようである。その後も新助病死、弥吉の病気などで月々金一分ずつの返却も滞り、鈴木家の普請も請け負ったのに返しきれず、弘化二年（一八四五）あらためて月々二朱返済の約束で五両の借用証文を入れたが、弘化三年正月類焼、新助を継いだ弥吉の病気も治らず、四両三分の借用証文を入れている。このとき、他の大工に普請を委ねても異議を申し立てないことを約束している。

2　肴屋源蔵・源吉　源蔵と弟の源吉はそれぞれ鈴木三右衛門から金五両を借用していた。弘化二年（一八四五）四月、源蔵は月二分宛、源吉は月二朱宛の返済、肴代が嵩むときは借金と相殺とした。利子についての記載がない。

3　葺屋町小平次　天保元年（一八三〇）の火災で類焼した葺屋町小平次は普請手当金として鈴木三

右衛門から一五両借用した。無利子、返却期間は三月節句から五月節句前まで、返却が滞った場合は、「御見物の節桟敷代、料理代」として引き落とす約定であった。

4　地借り　伊勢町の借地人唯四郎は安政五年（一八五八）五月、家作の費用として一〇両の借用証文を入れている。返済は月々晦日に銀二〇匁ずつ地代といっしょに払い込むというものである。

5　家主　佐内町家主惣助は嘉永五年（一八五二）八月、三両二分を翌年二月晦日を期限として借用している。当時鈴木三右衛門はすでに深川へ転居しているが、佐内町時代の家主の求めに応じたものであろう。

これらは、比較的に金額が少なく、返済も細かく、無利子か利子の記載がない。出入の商人や職人に対する前貸的な性格がある。

武家方では秋田安房守と三嶋吉之丞の名がある。

6　安政六年（一八五九）四月、紙問屋桔梗屋小兵衛は鈴木三右衛門宛、六〇両の借用証文を作成している。無利息一〇年賦、盆暮に三両ずつ返済という条件で、引当に秋田安房守の一三〇〇両の年賦証文を預け、返済が滞った場合は御屋敷様へ申し立て、直に受け取って欲しいと記している。

7　林清次郎、三嶋吉之丞は安政二年（一八五五）の借用金が返済しきれず、安政四年、あらためて額面二八両、無利息一〇年賦、金一両一分二朱と銀一匁五分を盆暮二度に支払うという借用証文を入れている。約定通りの返済ができず、残金を無利息で返済する約定かもしれない。翌年三嶋吉之丞は類焼し、さらに一回あたりの返済額半減を頼んでいる。担保を取った比較的金額の多い借入金もある。

8　深川西平野町地借益蔵、新吉原江戸町一丁目善之助地借七兵衛（証人か）は、慶応三年（一八六七）卯一二月、八〇両の借金をしている。担保は間口二間半、奥行四間の平屋一カ所、利子は月に二五両に一分の割で、返済期限は辰五月とある。しかし返済できず、辰一二月、巳年二月までの延期を願い出ている。

9　嘉永二年一二月、新吉原仲之町茶屋古池屋弥吉、妻たき連名で商売元手金として家財を担保に二五両借用、翌年正月から月三両ずつ返済の約束であるが、利子の記載はない。

10　伊勢町地面内の店借周八は天保一三年（一八四二）寅一〇月、翌卯年五月返済の約束で金一〇両を借用、利子は月三〇両に一分の割、建屋造作とも担保にして親類と家主が保証人になっている。利子は上限とされる二五両に一分という例もあるが、無利子の例が多く、どれだけの収入を上げられたのかきわめて心もとない。

鈴木三右衛門家歴代の人びとは、創業期に先祖が築いた財産によって、年間三〇〇両を費やす暮らし向きを保証された。中心部に所有した土地の地代店賃は、商売に向けることなく、日常の暮らしを営むだけならば十分な額であった。先代の遺言や家訓は見当たらない。それでよしとする家風が築かれていたようである。家質や貸金の利金は家計の重要な要素にはなっていない。貸金は日常の付き合いの延長として行われている。

伊勢町の大尽といえば先に触れた成井氏のことや、西鶴が描く遊興で身代を潰した主人公が語られるが、鈴木三右衛門家のような守りに徹した大尽もいたのである。鈴木三右衛門家にとって、徳川の時代は安泰であった。経営の方針を変えることなしに、家を維持することが可能であった。近代はその基盤をどう変更したのか。鈴木三右衛門家の史料は明治初年で断たれ、それも昭和になって島田氏が発掘するまで忘れられていた。発掘のきっかけが、妻の文芸作品であったというのも歴史からのメッセージである。

第二章　関東豪農の江戸進出

一　吉田市右衛門家の町屋敷集積

田舎分限者

一九世紀に入ると関東農村の資産家、「田舎分限者」といわれる者の番付が刊行されるようになる。ここで取り上げる吉田市右衛門家は「田舎分限者」二〇〇名の業種と居所を掲載した「関八州田舎分限相撲番付」（柏書房『番付集成』上、図5）の上位五〇軒のうちに酒造家として登場している。武州幡羅《はたら》郡下奈良村（現熊谷市）の豪農吉田市右衛門家は享保一一年（一七二六）幡羅郡四方寺村の名主から分家した家で、農業の余力に木綿売買・質金融などを行い、宝暦年間旗本植村八郎右衛門支配地の名主となった。寛政元年（一七八九）には利根川通堤川除助成金五〇〇両を上納して永代苗字名乗を許され、熊谷宿助郷助成金出金の折は一代限り帯刀が許されている。天保年間には村内きっての大高持ちになっている。吉田家が江戸の町屋敷経営にのりだすのは一八世紀の末からである。最初の購入は寛政四年（一七九二）、小網町三丁目の七〇〇両の町屋敷であった。ここは吉田市右衛門家の江戸での営業活動の拠点であった。文化年間に室町二丁目・本石町一町目・山王町で三筆、二八〇〇両を購入、文政七年（一八二四）通油町南側西角一三間分を六〇〇〇両で購入、文政一〇年（一八二七）三月、通油町北側西角一〇間間口の町屋敷を四二〇〇両で購入、同じ年の四月、安針町で一三間余の角地を六〇〇〇両で購入と急速に町屋敷を集積していった。この時点で二万両に近い額の土地所有者となった。天保八年（一

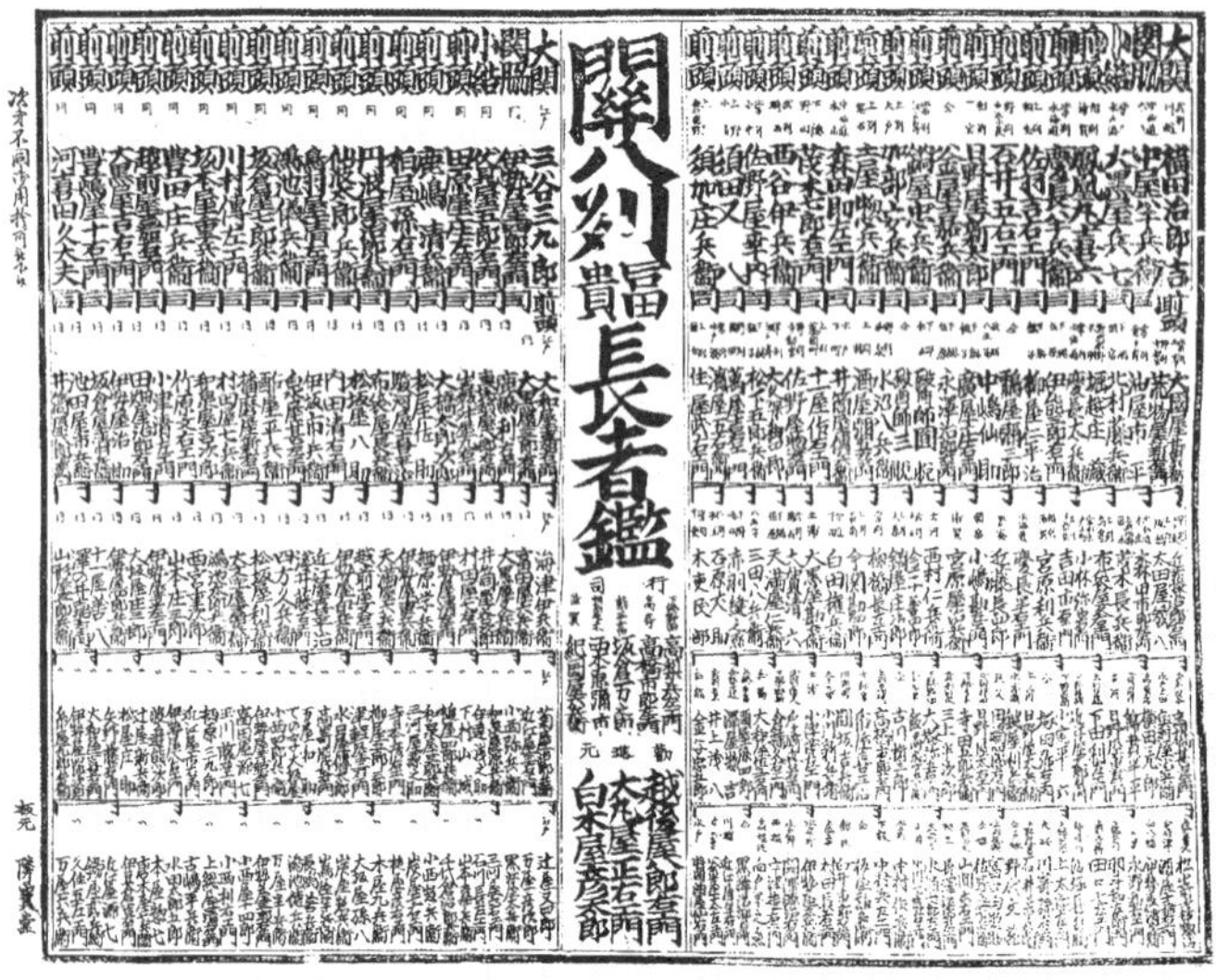

図５　「関八州田舎分限相撲番付」

八三七）に通油町と弥兵衛町の地面を購入している。その後通油町南側を売却したほかは所持地の大きな出入りはない。渡邉尚志氏が計算されたところによると、天保年間、所持地九カ所の一年あたりの地代店賃収入は一〇四三両にもなり、手取りで七一八両二分を超える。その結果、江戸の町屋敷経営からの収入は、吉田家全収入の、少ないときで二六％、多いときは五四％にも達した。

吉田市右衛門家にかぎらず、関東豪農の江戸町屋敷への資本投下についていくつかの事例が研究されている。下野国戸奈良村石井五右衛門家、上野国下滝村天田善兵衛家、相模国一之宮村入沢新太郎家、武蔵国本庄宿中屋半兵衛家、関宿の喜多村藤蔵家などである。岩淵令治氏は、「関八州田舎分限者相撲番付」の上位二〇人のうち八人が江戸に支店をもち、七人が江戸の町屋敷を購入していることを指摘している（岩淵、一九九六）。吉田市右衛門家は成功したが、短期間で撤退した家もある。とくに天保の地代店賃引下げ令以降、町屋敷経営の利潤は乏しく、魅力ある投資の対象ではなかったとされている。その大きな要因は町入用の増加、火災焼失後の普請金の負担などであった。しかし、干鰯問屋喜多村家の七代目寿富は、確実な資産として、注意深く町屋敷を集積していったし、下野国真岡村では、江戸の町屋敷を購入して利潤を上げようと、積金仲間を結成する（小沢、一九八九）など、江戸の町屋敷に対する期待は大きかった。

通油町南側

一九世紀、吉田市右衛門家の町屋敷購入の経過をみながら、鈴木三右衛門家とは異なる地主のあり方をみておきたい。吉田市右衛門家の場合も、市中の一等地を所有し、全戸地借型の町屋敷であったため、その負担が比較的軽かったことにより、大半の町屋敷を所有したまま維新を迎えることができた。文政七年（一八二四）に吉田家が購入した通油町南側西角の町屋敷は通油町呉服問屋川口利兵衛の所有であった。通油町は大伝馬町、通旅籠町とつづく本町通りの両側町で、西角は、かつて吉原の大門があったので大門通と通称される通りに面していた。現在日本橋大伝馬町三丁目のうちである。西角の五間口は寛文二年（一六六二）、浅草寺地中修善院地借三七郎がゆいから六〇〇両で購入、三七郎はつづけてその隣り二間口を島田勘右衛門から二一三両で購入、さらに隣り三間口を木地屋三左衛門から二六〇両で購入した。寛保沽券図では一〇間口一筆、地主は忍領行田町三七となっている。その後これらの地面は浅草東仲町加藤孫左衛門、その娘くめへと譲り渡され、明和四年（一七六七）川口利兵衛が四〇〇〇両で購入した。川口利兵衛が購入したのは、加藤家の先祖が購入してからほぼ一〇〇年が経ち、沽券面一〇七三両は四〇〇〇両になっていた。この南側西角一〇間口の東隣り三間口（南側西角より二軒目）は享保一七年（一七三二）に川口利兵衛が二〇〇両で購入したものである。吉田家の購入金額は角地一〇間口四八〇〇両、つづき二軒目三間口一二〇〇両、あわせて一三間口六〇〇〇両であった。川口利兵衛は文政八年（一八二五）五月、休業届を奈良屋役所に提出している。文政一〇年にはこの通油町南角一〇間口の地借人の一人として名前が確認できるが、その後の十組問屋に登場しないので、営業からも撤退していったのであろう。

売却前、川口利兵衛は吉田市右衛門に多額の借金があった。文政元年（一八一八）七月、両替屋甲斐屋九兵衛から町屋敷を担保に九〇〇両借りているがこれはまもなく返済、文政四年（一八二一）になって、南側西角一〇間口沽券高四〇〇〇両の町屋敷を担保に吉田家から四五〇〇両を借り入れた。一年の約束が果たせず、文政五年さらに隣り地面三間口、二〇〇〇両の町屋敷を担保に一二〇〇両、地面内土蔵・建物を担保に一五〇両を借り入れている。吉田家からの借入金は五八五〇両となった。沽券高は四二〇〇両、時価に改めたにしても高額な借入金である。利子は一〇間口が年三分の約束で、月々一一両一分、三間口の方が年四分で、月々四両の返済である。吉田家地面になったあとの文政一〇年（一八二七）、一〇間口の地代収入は、明地一戸を除く九戸分で、年間一五〇両一分余、家守給料一〇両、町入用七分積金など一五両を差引いて一二五両一分である。これは川口利兵衛が吉田家に払わなければならない年間利子一三五両を一〇両も下回る金額である。しかも川口屋は吉田家より安く貸し付けていた可能性がある。借入期間が長引けば長引くほど借金は膨らむばかりである。結局大金を借り入れたにもかかわらず営業は好転しなかったのであろう、一〇間口四八〇〇両、三間口一二〇〇両で吉田市右衛門倅市十郎に売却した。精算の明細は不明だが、一〇間口の年間上り高一五〇両一分は沽券高四八〇〇両の三分一厘、町入用などを差引いた

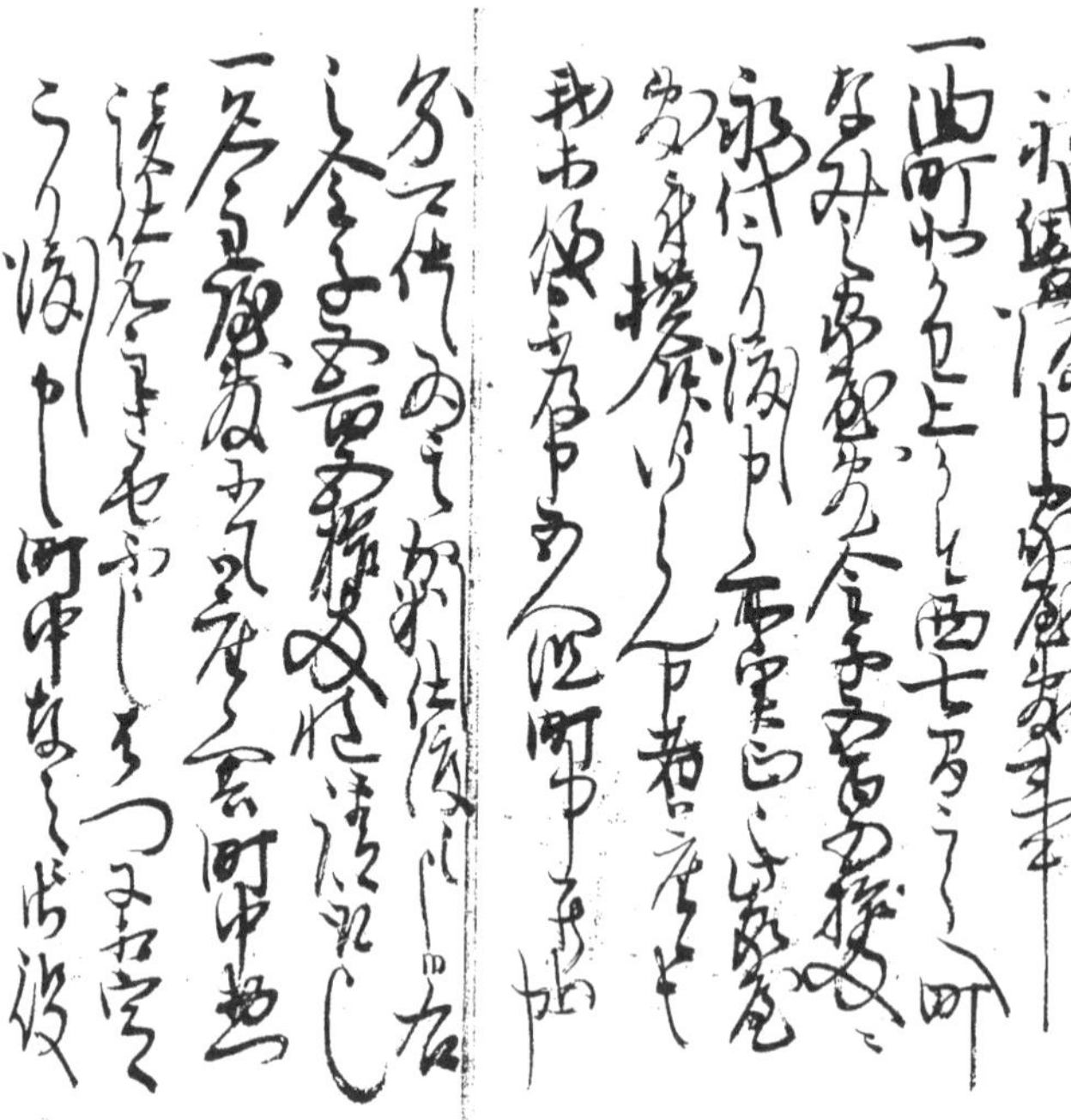

（国文学研究資料館所蔵「吉田家文書」）

手取りで二分六厘にあたる。利子の滞納がなかったとしても、売却代金のほとんどは借入金の返済に当てられ、営業を挽回する力とはならなかったであろう。所持地の売却は破産を意味した。この間の経過をみると吉田家は強気である。増し金の要請が川口側からあったのだろうか、「のぞんで買いたい地面ではない」と突っぱね、破談になりかかってもいる。また「伊勢屋長兵衛方の借財がすまないと地所の書替ができない」といっているところをみると、川口屋は二重に質入していたのかもしれない。

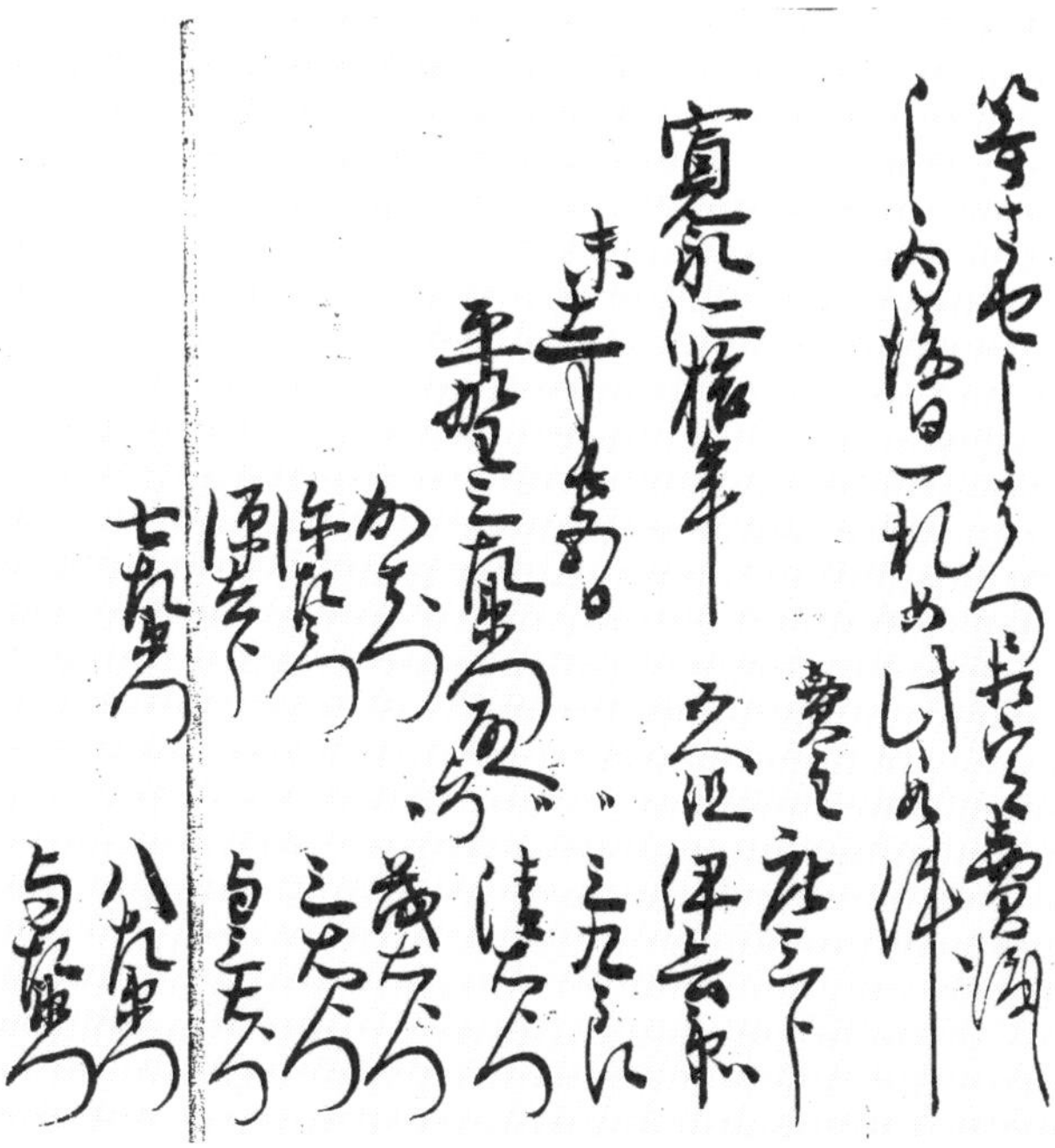

図６　平野三左衛門購入時の沽券状

通油町北側名主屋敷

吉田市右衛門は文政一〇年（一八二七）、通油町北側西角一一間口の町屋敷も手に入れた。本町通りと大門通りが交叉する地点の両側を所有し、通油町総間数の二割近くを占有したことになる。この町屋敷は平野三左衛門が角の七間口を寛永二〇年（一六四三）に五五〇両で購入、その東隣り一間口を慶安五年（一六五二）伊兵衛から六三両で購入し、さらに明暦四年（一六五八）、その東側三間口を同じく伊兵衛から一三〇両で購入し、一七世紀半ばに、あわせて一一間口、七四三両とした地面である。さいわいなことに、寛永二〇年、平野三左衛門が購入したときの沽券状が吉田家によって写し取られている（図6）。先に紹介した伊勢町の沽券状と同じく、文献史料の乏しい一七世紀前半の町を知る手がかりを与えてくれる。読み下しの文面は次のとおりである。

永代売渡し申す家屋敷の事

一油町北側上角西七間、うらへ町なみの家屋敷を金子五五〇両で永代にわたってたしかに売渡しました、この家屋敷について異議を申し立てるものがいたら私共は勿論のこと五人組町中のものが対処いたします、そのため加判いたします、右の金子五五〇両たしかに受け取りました

一（この地面は）名主屋敷ですが町中相談して、（買主には）名主をさせないことにきめています、町中なみに役を勤めていただくことにして売渡します、後日のためこの通り一札を入れます

寛永二〇年未一二月二五日

売主　庄三郎
五人組　伊兵衛
同　三九郎
同　清右衛門
同　茂右衛門
加右衛門　三右衛門

平野三左衛門殿

まいる

弥左衛門　与三右衛門
源太郎　八左衛門
七左衛門　与左衛門

通油町北側の西角にある間口七間、奥行が町並み二〇間の町屋敷を、庄三郎から平野三左衛門に売渡した証文である。これは買主に渡され、権利書ともなる。代金は五五〇両である。違乱文言が記されて、ふつうはここで本文が終了する。この場合はもう一項目たてられている。内容は、従来名主屋敷であったけれど、町中で相談して、新しい地主三左衛門には名主役を勤めさせず、一町人としての役を勤めてもらうことを約束したというものである。名主屋敷という特別な格はなくなってしまった。小伝馬町名主宮辺又四郎が兼帯するまで、この町の名主は不在だったようである。署名は五人組四人、つづけて町中一同と思われる八人が名を列ねている。地主が町を構成する町人として町を運営していたことを示すものであろう。

その後、この地面は三左衛門の子へ、子から孫の加藤十次郎、曾孫の加藤善右衛門（木村屋か）へと譲り渡され、文政一〇年（一八二七）、善右衛門から吉田市右衛門妻つね（恒）へ売却された。加藤十次郎は武州行田町と肩書きがあり、寛保沽券図では地主忍領行田町孫八とある。十次郎が孫八と称したのか、いずれにせよ同じ系譜のものである。血縁で相続してきたとすれば、平野三左衛門も行田町出身の可能性があろう。関東農村から江戸へはたらきに出て、一七世紀半ばに、江戸中心部で地主の地位を獲得したのは鈴木三右衛門だけではなかった。近年関東農村出身の商人の活躍があらためて注目されているが、草創期の江戸の経済を支えたのは、上方や三河出身の商人ばかりではなかった。

購入の経過

通油町北側角地七間の町屋敷についていえば、実に一八〇年ぶりの売買である。沽券面金額七四三両に対し、吉田つねの購入金額は四二〇〇両であった。この取り引きにともなう沽券状の受け渡しは、文政一〇年（一八二七）三月一三日、名主宮辺又四郎の玄関で行われた。その前日、吉田市右衛門と手代幸七が相手方へ出向いて支払いを済ませている。支払いの内訳は、

1　二〇〇〇両　溜屋貢への家質貸金
2　四〇両　右の前年一二月から四月まで五カ月分の利子
3　六五〇両　借入金
4　一三〇〇両　家質元金
5　五三両二分と銀七匁五分　右の一五カ月分の滞納利子
6　一五六両一分二朱　当日持参

1は年月不明だが、下り酒問屋溜屋久兵衛の娘こう名義の沽券状七通、額面三〇四二両を担保に吉田家

が二〇〇〇両貸していた分を引き上げて支払いに宛てるというものである。新たな貸主は加藤善右衛門とその親類になる。溜屋久兵衛は加藤善右衛門と親類関係にあった可能性もある。溜屋方の前年末以来滞っていた利子も精算された。3は吉田家が売主から年三分の利子で借りとなっている分である。

家質元金一三〇〇両は文化一〇年（一八一三）、一一間口を担保に吉田家が貸していたものである。利子は月額三両二分と銀四匁五分、一五カ月分の滞納利子が五三両二分と銀七匁五分である。以上で不足する分一五六両一分二朱を当日持参して一一間間口の町屋敷が吉田家のものとなった。一三〇〇両の家質の利子は年四二両と五四匁、利率は三・三％である。この地面の文政八年（一八二五）の地代収入は一五〇両二分と三分六厘、町入用・家守給料などを引いて正味一一七両二分余とある。吉田家の購入額四二〇〇両の二・八％にあたる。文化一五年（一八一八）から文政八年（一八二五）までの八カ年平均では一〇八両三朱とあるので、全体的にもう少し収入が少ないかもしれないが、利子四二両余は支払える金額である。これは地価に対し借入金の額が少なかったからで、利率でいえば収益率を上回る利率である。この町屋敷に限っていえば十分払える金額であるが、経営全体からいえばそれも許されない状況だったのであろう、一五カ月も利子を滞納し、永年所有してきた町屋敷を手放すにいたったのである。

この一件は溜屋との交渉もあったためか、文政九年から一年がかりの交渉であった。水帳では加藤善右衛門一人の名前であるが、交渉の過程では宛名は加藤善右衛門のほかに喜多内（溜屋）茂右衛門・清水弥右衛門・高橋長兵衛・生国屋八右衛門などの親類連名になっている。購入代金四二〇〇両のうち当日受け渡されたのは一五六両一分二朱のみ、三三九〇両が家質とその滞納利子によって賄われたことになる。同じ年三月の日付けでこの四二〇〇両の土地を担保に、つねが清水弥右衛門から三〇〇〇両借用した証文が作成されている。文面にはまったく形式だけのことであるから、地面内のことはすべてつね方で処理するとある。右の返済内訳からは三〇〇〇両借用の要因はつかめない。

土地の売買は町への弘め（披露目）を行ってはじめて成立する。この場合、七間、三間、一間の三筆、金額も四二〇〇両と高額なので、弘めの費用も高額であった。まず町へ払う歩一金は不動産取得税のようなもので、上限が売買金額一〇〇両に二両と決められていた。売買金額四二〇〇両であるからこれが八四両、名主へ四両二分、名主手代へも二両一分、五人組四人へ六両、書役・定使・番人・髪結等へ心付けを渡している。購入者が女性で後見人をつけ、また家守の交代があったので、後見人の弘め、家守の弘めも行った。そのため弘めの費用は一〇六両三分と三四〇文と高額なものになった。ちょっとした地面が買えるくらいの支出である。

冬木の没落——安針町

吉田市右衛門は同じ文政一〇年（一八二七）の四月、安針町でも六〇〇〇両に達する町屋敷を入手している。この町屋敷は深川冬木町の開発者とされる冬木喜平次の所有地であった。文政一一年（一八二八）に深川冬木町の名主が書上げた由緒によると、冬木喜平次は上州碓氷郡板鼻宿の出身で、承応年間（一六五二〜一六五五）江戸南茅場町で材木商をはじめ、御用材木請負で成功、深川冬木町の開発者となった。四代目は南新堀一丁目に住居、六代目が病死したとき七代目はまだ幼く、後見人の地位を巡って「混雑」、訴訟沙汰にまで発展し（寛政初年）衰退、文化一二年（一八二九）には深川冬木町に転居したという。上田喜平次とも記されており、冬木は屋号で、上田は姓であるともいわれるがはっきりしない。一八世紀前半、上田喜平次は伊勢町の地主であった。吉田家文書には、「上田喜平次承応より江戸住居、生国信州上田、深川冬木町七五〇〇坪、茅場町・新堀川・浜町・小田原町などに沽券五五〇〇両」と記されている。安針町の地面は多額の町屋敷を所有する冬木家にとっても重要な位置を占めていたのではないだろうか。名主書上にあるように、求心力のある当主を欠いた状況のなかで高額の土地を手放さざるをえない事態に立ちいたったのであろう。

安針町の冬木地面は、安針町西側北角の表京間四間五尺八寸、奥行二〇間三尺とその続き地面表京間八間一尺七寸、奥行二〇間三尺の二筆である。中横町角と表示してあるものもある。角地の四間五尺余の町屋敷は正徳三年（一七一三）二三〇〇両で購入、当時の喜平次の妹おてうの名義であった。八間口の方は元文四年（一七三九）二二五〇両で購入、名義は襲名前の喜平次であった。一〇〇年前後にわたって所持してきた重要な町屋敷であった。

この町屋敷は売却される前、長期にわたって吉田家の家質となっていた。享和三年（一八〇三）二筆の町屋敷を担保に、吉田家から三〇〇〇両を借用した。利子は年三％、一年の利子は九〇両である。この家質金を返せぬまま、どのような必要があったのか、二〇年後の文政六年（一八二三）二二〇〇両を借り足し、五二〇〇両の家質となった。利子は同じ年三％でも年間一五六両の支払いが必要であった。吉田家側では享和三年から文政九年までの二四年間の収入は、利子と礼金合わせて二五九四両になるとしている。天下の富の集まる江戸ならではの収益であろう。

吉田家では家質をとるにあたって町屋敷貸付けの状況、地主の収入、町の慣行などを調査している。収入の面では五間口の場合、月ごとの収入が五八三匁一分余、年間一一六両二分余、町入用・家守給料など二一両余の負担を差引いて手取り九五両二分余、八間口の方が月額六一八匁八分四厘、年間一二三両三分余の収入、町入用・家守給料など三〇両二分を差し引き九三両一分の収入があった。二口あわせて上り高が二四〇両一分、諸入用五一両二分、差引一八八両三分の収入と見積もっている。寛政元年（一七八九）の収支は、上り高二五三両、諸入用四四両三分、差引手取り二〇八両一分であったから、吉田家は手堅く見積もっている。このときの冬木の借入金は三〇〇〇両で利子は年九〇両であるから返済可能な借り入れであった。しかし長期化すれば多額の負担である。文政一〇年の時点では五間口の実収入が年間八四両三分余、八間口が九七両三分余、二口一八二両二分余と減少している。一方借入金は五二〇〇両となり、返済額は一五六両である。冬木家の側からいえば不動産経営はほとんど成り立たなくなっていたといえる。

安針町購入

吉田家の記録によると、文政九年（一八二六）一一月、冬木喜平次の親類で後見人の家城久右衛門から吉田家の支配人幸七に安針町地面売却の打診があった。安針町といえば、江戸のなかでも最も活況を呈していた日本橋魚市場の一角を占めていた町である。来春主人市右衛門出府の折にでもと返答、文政一〇年（一八二七）二月、吉田市右衛門が直接対談、改めて絵図面、上り高書付を貰い、この時点で吉田側は六〇〇〇両と見積もっている。六〇〇〇両を元本とした三％の利子は一八〇両である。安針町一三間口の収入一八二両二分という点を根拠に購入価格を決めたのであろうか。ここから再三の掛け合いが始まった。冬木は沽券高六三五〇両、四カ月滞納利子五二両の免除がおもな要求であった。これに対し吉田は沽券高六〇〇〇両、永年の質置主に対する挨拶料として別段包金二つ（二〇〇両）、滞納利子の免除なしであった。礼金なしの合意はされていた。冬木方はせめて滞納利子二カ月分免除を要求したが吉田側の入れるところとはならなかった。ほぼまとまりかけた頃家主の問題が浮上した。冬木側は家主の継続を当然のことのように考えていたようである。一般的にも地主が交代しても家主はそのままというのが慣例化してもいた。

地主と町共同体との矛盾ともとらえられている問題である。しかし吉田側は家主の交代を主張した。結局交渉が長引いて契約が四月にずれ込んだ結果受け取るべき四月分の利子一三両に七両を足した二〇両を吉田家が負担して家主への合力金とすることで決着した。契約の内容はすべて吉田の主張通りになった。

合意に達したのが四月四日、市右衛門はさっそく弁天・稲荷両社に参詣、安針町の名主大鷲吉右衛門のところへ出向き、家主交代のことを打診している。正式に契約をしたのは四月一二日、名主宅の二階であった。新しい沽券状となるべき「永代売渡申家屋敷之事」が作成された。売渡金額は六〇〇〇両、売主は喜平次、五人組・名主が連署・加印し、宛名はおつね、後見市右衛門である。つねから名主吉右衛門に宛てた買請証文も作成された。冬木へ支払われたのは沽券金六〇〇〇両、外に年来取引の挨拶料として二〇〇両、このうち家質元金五二〇〇両、滞納利子前年一二月から四月まで五カ月分六五両（内一カ月分は家主への合力金）を差し引き、九三五両が支払われることになった。契約調印の前日、三〇〇両の鮫屋重吉手形と現金六三五両を持参、一二日この預り証と沽券状が交換された。鮫屋重吉がどういう人物か確定できないが、手形で支払われているのが興味深い。調印後、吉田家の沽券代久兵衛は家主の案内で町内への挨拶に出向いた。

調印のあった四月一二日、つねはこの町屋敷を担保に五二〇〇両借り入れたことを名主に届出ている。金主は武州幡羅郡下奈良村百姓市十郎である。市十郎はつねと市右衛門の甥にあたる人物である。すでに見たように土地購入代の大半は家質と相殺されていて、大金を借り入れる必要はなかったのではないだろうか。通油町購入に際しても形式的な借入金がされている。近年、節税のため家族などから形式的に借金をして家を建てるといったことが行われていたが、当時はそのような必要はなかったであろう。名主などの公に対し資産隠しの必要があったのかとも思われるが、家質書入れは名主も承知のことであるから双方の内実は掌握済みであろう。

安針町の町屋敷購入は文政一〇年（一八二七）であるが、それより二〇年もまえに三〇〇〇両からの融資をしている。この家質契約に関して興味深い史料が残されている。浅草蔵前家主甚三郎方同居五兵衛と堀江町店借藤助から吉田家の沽券代を勤める久兵衛に宛てたものである。家質契約が調った七月に作成されている。五兵衛らの主張は、春頃から冬木が質地に入れたいというので自分たちがご当家へ持ち込み、ほとんどまとまりかけたが破談になったというので手を引いたが、このたび成立したということなので、自分たちにも「骨折り祝儀」を出すように金主たちに掛け合ってほしいというものである。五兵衛らは家質や町屋敷売買の斡旋人であろう。こうした業界通の間に、金主としての吉田家が知られていたことがわかる。そして吉田家ではこの時点でも仲介者を排除して、主人自ら、また沽券代が交渉にあたり、慎重に契約を行っている。

一〇〇〇両といえば千両箱を思い浮かべるが、何千両という大金の取引には目を見張るばかりである。

吉田家はこの時期、他にも家質による金融活動を行っている。文政二年（一八一九）、南八丁堀一丁目で二三〇両、文政三年（一八二〇）、本所中之郷抱屋敷三〇〇両、芝口金六町八〇〇両、室町二丁目五五〇両、文政一二年（一八二九）、神田鍋町西横町で四〇〇両、馬喰町三丁目で一二〇〇両を貸している。年利四分から六分、一年くらいで返還されている。こうした家質による収入は文政七年には三五〇両にもなり、地代店賃収入をかなり上回っている。これまでの吉田家の経営についての研究によって、当初は家質収入が多かったが、通油町・安針町地面の購入によって、地代店賃収入が家質収入を上回るようになったことが明らかになっている。

農村を拠点とする営業活動によって蓄積した資産の投資先の一つは江戸であった。時系列的に見ると、江戸町屋敷経営が本格化する以前、一八世紀末から一九世紀初めにかけて、吉田家は資産を金融活動に投じ、その金融活動（家質）をてこに町屋敷を集積し、全収入の三〇〜四〇%を占める町屋敷経営を行うことが可能になった。安針町の購入後、このような多額の町屋敷購入、家質貸金は見られなくなる。収益も家質利金が減り、地代店賃収入が大きな割合を示すようになる。

二　吉田家の町屋敷経営

町屋敷経営の経費

地主は江戸に暮らす人びとが住む貸地貸店を提供して収益を上げるとともに、社会的経費を負担していた。営業税は明治に入ってからのもので、営業上の利益に対しては、冥加金・御用金、また現物納という形での負担であった。田畑の年貢にあたる負担は江戸では国役・公役であった。公役は人足提供の役であるが、一八世紀半ばから間口単位の定額となった。国役は簡単に言えば職人役で、職種によってちがいがあるが、しだいに町としての負担を間口を基準にするようになっていた。国役の場合は、必要に応じて奉仕するしくみが残されていたので負担には軽重があった。江戸の町の経費は全面的に地主が負担していた。先に天保年間吉田家の地代店賃上り高が年平均一〇四三両余に対し、手取りが七一八両余と紹介したように、町屋敷経営の経費は少ないものではなかった。少ない年で二〇%、多い年には四八%以上の割合である。

吉田家では町屋敷経営の必要経費を、町入用・七分積金・家守給・諸入用・普請入用・山王祭礼入用などに分類している。天保期の安針町・通油町でみると、町入用が四〇〜五〇%、七分積金一〇%前後、家守給が二〇％台、諸入用・普請入用が一五％といった割合である。七分積金は町会所積金のことで、寛政期に町入用を削り、その削減額の七〇％（七分）を積み立て、救済資金に宛てることになったものである。中心部の町の負担が高かったからでもあるが、必要経費の一〇％を占めている。

町入用には国役・公役、町の経費が含まれる。一八世紀末の調査から町入用の内訳をみておきたい。天明七年（一七八七）安針町の場合、定式・臨時あわせて二二六両のうち、公役金は三両余でわずかである。同じとき、南伝馬町二丁目では町入用が二二二両三分で、国役金が九八両を占めていた。町の負担には不公平があり、とくに伝馬役の負担は過重であった。町の経費としては、年始に名主を通じて将軍に献上する年頭献上物入目、町年寄に納める晦日銭もある。ついで名主役料、書役番人給料、夜まわり人足賃などの町の人件費がある。名主への祝儀や香典、申し入れにより合力金を出す場合もある。木戸・自身番屋・木戸番屋の普請修復、炭薪灯油紙筆代など番屋の経費、道路の修復、上水・下水の普請や浚い賃、上水は町内だけでなく神田上水全般の浚いなども含まれる。ごみ捨て賃（人足賃、船賃）もある。火消関係の費用もかさんでいる。火消の法被《はっぴ》や道具、他町と持合の纏や火の見櫓の管理、火事で出動すれば弁当代などの出費がある。

行倒れ人が発見されれば医者をよび、すでに事切れていれば埋葬の手はずを整えなければならない。捨子があれば、乳児であればすぐに乳もちのものを探し、養育先を見つけ、養育料をつけて里子に出す。無事育っているかも確認しなければならない。刃傷沙汰の後始末、逮捕者の町預かりなど望まない経費が多々あった。飢饉などでお救い米が支給されるとき、その運搬費や手当も町でもつ。江戸城での御能拝見のときの弁当代も出す。こうしてかかった費用は、随時割り当てられることもあるが、大半は年間でまとめ、間口割で各地主に割り当てられる。費用の負担だけではなく、さまざまな事業・事件の実務をするのは、地主から給料をもらっている家守たちであった。江戸時代は小さな政府の時代で、行政改革の見本のようにいわれてきたが、それだけ町での負担が大きかったのである。それを負担する人は、近代とはくらべようもないほど少数であった。

諸入用は地面内の経費である。吉田家の天保期の例で見ると、諸入用に書上げられているのは、秋葉講・稲荷初穂・井の頭弁天の初穂と勧化など庶民信仰にかかわるもの、名主隠居の病気見舞い・香典、出産祝い、蝋燭代・通い帳の代、提灯張替え、番手桶修復、井戸輪や井戸流しの修復、松かさり代、裏下水や共同便所の修復の材料や手間賃、路次鍵の修復、ごみ溜の清掃、長屋の修復などさまざまである。

飢饉による米価高騰などでその日暮らしのものたちが困窮したとき、行倒れ人や捨子が増える。町入用の出費が増える一方で、明地・明店が増え、また地代店賃滞納も増える。吉田家でも天保七年（一八三六）の飢饉の後滞納者が急増している。天保八年（一八三七）度の滞納は三〇人、一二六両にも上った。しかし吉田家では滞納は長期化せず、経営を脅かす事態にはならなかった。

吉田家地面では店借が少なく、安定した地借層が多かったので全般的な不況の時代も乗り切ることができた。江戸に土地を購入したものの、足かけ二五年ほどで撤退した上野国下滝村天田家の場合などは、明店や店賃滞納の影響が大きかったと思われる。天田家は寛政七年（一七九五）、本石町一丁目の土地を購入、町屋敷経営に乗り出した。一二〇坪の土地に二〇戸の貸店を建てた。撤退の主たる要因はたびたび類焼して普請金がかさんだためだが、家守は明店の解消や店賃免除の頼みに苦慮している。店賃滞納のまま行方不明になり、店請人も払いきれない、けんか騒ぎを起こしたので出てもらったが滞納がある、はたらき手が長患いしている、主人が死んでしまったなどその理由はさまざまである。そして多くの場合、地主の負担とせざるをえなかった。本石町といえば本町通りの一本北の通りである。大店もならぶ中心部でも町屋敷経営がうまくいくとはかぎらない。

町屋敷経営が順調であった吉田家でも、地代店賃滞納で訴訟を起こしている。滞納額や経緯はわからないが、嘉永五年（一八五二）三月と四月に訴訟を起こしている。三月は銅屋清次郎を相手とするもので、七日出訴、一八日初吟味、一〇日の日切り三度、四月一八日落着した。四月の場合は網屋佐七を相手に二三日出訴、五月二日初吟味、対談を重ねるうち、七月になり、将軍の喪が発表され五〇日余の日延べ、埒があかず、一〇月には佐七が仮牢入り、一〇月二七日ようやく落着という長丁場であった。佐七一件にかかった費用は五両一分二朱にもなった。

またこれはその翌年のことであるが、通油町地面の居住者金兵衛が縮代金や家作の代金を支払わないまま欠落してしまった。家守万次郎はその後始末に、三カ月もかけずりまわらなければならなかった。

天保改革と吉田家

天保一三年（一八四二）五月二五日、屋敷改（新地奉行）中島彦右衛門の用人脇屋一郎から、吉田市右衛門に対し、内々面談したいことがあるので屋敷の奥口へくるようにと、仲介を入れて伝えられた。さっそく出向いてみると、田舎地主所持の町屋敷は「御取潰し」になる模様である、主人彦右衛門はじめ屋敷改一同憂慮しているところである、吉田市右衛門は永年の由緒もあるので、お取潰しなどの事態にならないよう力になりたい、ついては由緒書や持地面の絵図など参考になるものを提出しておくようにということであった。そしてこれは極々内密のことであると念を押された。

これより一カ月以上前の四月五日、世話掛り名主たちは、南町奉行鳥居甲斐守から屋敷改中島彦右衛門のところへ出頭するように命じられた。そして中島彦右衛門から、「大名・旗本・陪臣、寺社、百姓などが町屋敷や町並屋敷を、町人名前や女名前で、届もなく所持している場合は、当人に断ることなく書き出すように」と申し渡された。すでに、天保一二年（一八四一）の暮れ、町屋敷を武家方が所持する場合は、町人名前をかりず、当人の名前で屋敷改へ届出るようにと命じ、一三年二月には町方へも触出されていた。

しかし、これは武家方に対するもので、百姓の町屋敷所有についてはふれていない。

法令上、身分違いのものへの土地譲渡、すなわち百姓地を町人へ、町屋敷を百姓へと譲渡することは認められていなかった。中島が右の申渡の根拠とした寛延二年（一七四二）の触は、新規に抱屋敷を持つことを禁止した法令であるが、その一項に「町屋敷を町人から百姓に譲り渡すことは成り難し」という項目があった。この条文に対し、名主たちは、百姓へ家質を入れ、流れ地になった場合、百姓身分のものが所有することになるが、こうした場合どう対処すべきか伺いを出したが、下知のないままであった。このように、法的にあいまいな上に、江戸の町地の売買は町で処理され、町年寄や町奉行の許可を得る必要はなかったから、現実には吉田市右衛門家のように、百姓による大規模な土地集積が進んでいったのである。

そしてこの申渡自体よく読めば、百姓が「町人名前」「女名前」で町屋敷を所有している事例を書上げさせるもので、百姓の町屋敷所有そのものを禁止している文言ではない。にもかかわらず、屋敷改中島彦右衛門の用人は、何故百姓の町屋敷所有は「御取潰し」などという脅迫めいた言を吐いたのか。目こぼしをしたと理由づけて見返りを求めたものであろうか。関宿に本拠をおく干鰯問屋喜多村家では「田舎地主は地面を取上げられる」と伝え聞いて、江戸人別に改めたという（岩淵、一九九六）。「田舎地主御取潰し」は真実味をもって喧伝されたのであろう。

吉田市右衛門はこの事態においても冷静であり、さまざまな情報を集めている。名主の反応もいろいろであった。安針町では近々出した方がよいというのに対し、室町の名主加藤家の隠居は、百姓の町屋敷所有について、領主の証明をつけて届出るといった法令はない、急いで提出することもないといっている。この助言のとおり、吉田家など田舎地主は町屋敷を取り上げられることなく、この一件は沙汰止みとなった。

吉田家のこの一件書類には、「所持町屋敷書上」とともに、「地代引下御届」があり、三月から地代四%、店賃一〇%引き下げているとしている。安針町では喜多村家が地代四%引き、百姓重之助が一〇%引きなどと記されている。地代店賃引下げの奨励は町奉行によって行われたが、ご奉公に努めている証として届出たものであろう。この一件は百姓の町屋敷所有を追認するとともに、地代店賃引下げを促進することになった。吉田家では、三月の地代店賃引下げにつづけて、七月令にもとづき再度引下げを行った。地面九カ所の引下げ額は年額一一二両一分余、率にして一二・三%の引下げであった。町入用の削減が行われたので出費は減ったが、それでも実質九・四%の減であった。一〇年後、裏店賃は引下げ前に戻っているものの、地代は引き下げられた額のままであった。一方町入用は増え、地主手取金は減少していった。文久・慶応期になるとこの傾向は強まり、町入用の膨張、手取額の減少となり、通油町南側一三間口を売却するなど、縮小傾向のまま維新を迎えた。

第三章　隅田川河口の町々

一　町屋敷利用の諸相

鉄炮洲築地五カ町

これまで鈴木三右衛門家や吉田市右衛門家といった個別の家の町屋敷経営を見てきたが、ここでは地域的広がりをもってみてみたいと思う。取上げるのは、築地の海沿い、鉄炮洲といわれるあたりの町々である（図7）。

隅田川河口西岸、佃島より外にある町である上柳原町・南本郷町・南飯田町・鉄炮洲十軒町・明石町は、七番組名主水田善三郎が支配する町々である。これらの町々ができたのは一七世紀の六〇年代と書かれているが、上柳原町の場合は明暦二年（一六五六）一件、万治元年（一六五八）一件、万治二年二件、万治三年一件、寛文元（一六六一）、二年各一件の売買が記されているので、町の起立は寛文年間より少しさかのぼるようである。名主水田善三郎は上柳原町の草創である。南本郷町は湯島四丁目の代地で当初は湯島本郷町と記されている。南飯田町は元禄一〇年（一六九七）の火災により、九段下の飯田町の代地として移転してきた。この三町は築地の区域である。築地にはこの三町のほかには南小田原町一～四丁目があるだけで、あとは武家地と本願寺があるだけである。堀を隔て、鉄炮洲といわれる地域になる鉄炮洲十軒町・明石町の起立の時期、水田支配になる経緯は不明である。元禄期に、紅葉川から日本橋通りの裏へ穿たれていた堀が埋められ、港の機能が海側に移ったといわれる。水田支配五カ町にとっても一つの発展の時期であったと思われる。

上柳原町は総間口京間六五間五尺七寸七分、奥行三〇間、南本郷町は総間口京間二九間一寸、奥行三〇間、南飯田町は総間口京間六三間四尺八寸、奥行三〇間、十軒町は総間口京間一四五間二尺、奥行一〇間、いずれも河岸に面し、両面屋敷である。明石町は総間口京間二九間三尺二寸、奥行一五間、両面河岸付である（「五町分屋敷録」）。奥行三〇間の両面屋敷の場合は表裏一五間ずつの分割、十軒町の場合は間口を分割しての売買・貸借が行われたため、地面数は上柳原町は一三～一九、南本郷町は五～九、南飯田町一一～一二筆、十軒町は一六～一七と変動している。明石町は三筆である。なお、舟松町二丁目が寛政年間に水田善三郎の付支配となっているが、ここでの分析は五町のみとした。

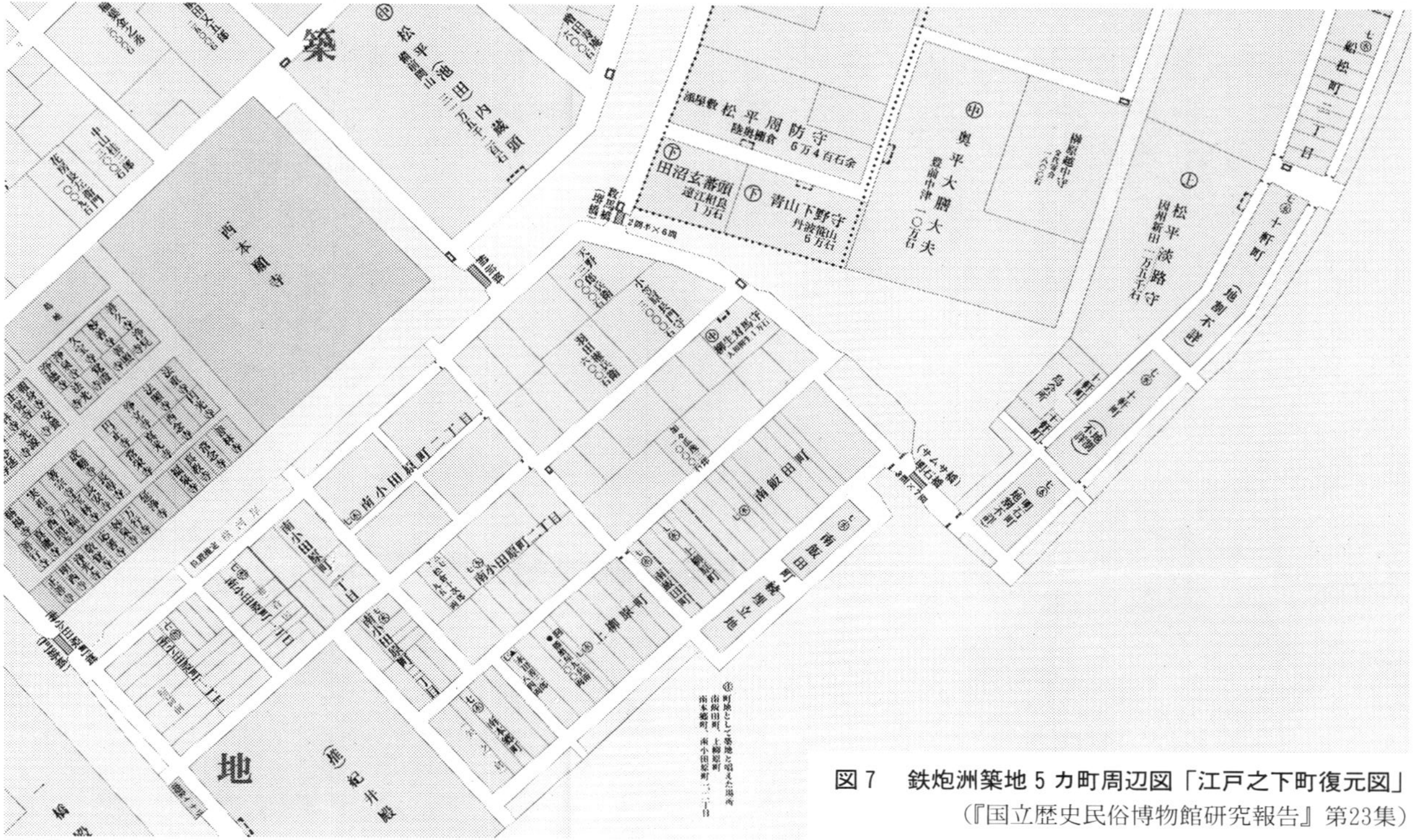

図７　鉄炮洲築地５カ町周辺図「江戸之下町復元図」
（『国立歴史民俗博物館研究報告』第23集）

延享元年（一七四四）の沽券図を見ると、上柳原町・南本郷町・南飯田町の海側に、奥行七間の「商売材木置場」がある。明石町へ渡る橋のたもとには、自身番・辻番のほかに髪結床、商床番屋が三つ並んでいる。次節で述べるように、この地域の地主は、材木・炭薪を商うものが多かった。しかし延享四年（一七四七）の川辺問屋五二四人の名前のなかに、南八丁堀、南小田原町、本湊町、船松町一町目にはかなりの人数が見られるが、水田支配の町では、十軒町の彦右衛門、船松町二丁目五人が見られるだけで、築地の町にはいない。

一方、安永四年（一七七五）、停泊中の廻船に小船を乗り付け小間物や野菜などを商う付船商売のものに鑑札が交付されたが、この仲間には、鉄炮洲小間物七人組、明石町野菜出売七人組、船松町野菜出売一二人組、新川附船六艘組などがあって、十軒町新六、南飯田町喜右衛門、明石町太郎兵衛など一四人の名前がある。なかには深川黒江町野菜出売組合に入っているものもいる。家主の肩書きがあるのは二人、あとは店借りである。

江戸の町屋敷関係帳簿

国立国会図書館の「旧幕引継書」という史料群の大半は町奉行所の書類であるが、そのなかには個々の町で作成された、幕府の書類とは系統を異にする史料もかなり存在する。これらは明治初年、東京府が史誌編集のため、また政策立案の参考にするために購入したり、筆写したりしたもので、「旧幕府引継書」の保管が当時の帝国図書館に委託されたとき一緒に移されたものである。このなかに大部の町屋敷関係の史料がある。整理番号八〇七―六五から八〇七―一三七までの七三点は外形上も存在感のある史料群である。沽券絵図と合わせ、江戸の町屋敷関係史料としてまとまりのある貴重な史料である。

これら史料は五番組（京橋北）名主富沢徳兵衛、六番組（銀座）名主池谷権兵衛・村田佐兵衛・渡辺源太郎・長谷川伊左衛門・長尾文蔵・坂部六右衛門・田中平四郎・尾崎七左衛門、七番組（八丁堀・築地）名主岡崎十左衛門・長沢次郎太郎・松倉重次郎・水田善三郎・島崎清左衛門支配の町々のものである。年代によって支配町の変化があるが、町数はあわせて一〇〇カ町を越える。

表題では分類できないので内容で分類してみると、1「水帳」・「間数帳」などの表題をもつ土地台帳の類、2「沽券帳」・「沽券証文帳」などの表題をもつ沽券状（売渡証文）の綴り、3「手形之事」・「一札之事」などの証文帳、これは売買に当たって、売主から名主に宛て、親類ともども売却したことを確認し、一方買主が町内の地主になったからには町の規則を守ることを約束した証文類を綴ったものである。4家質関係を綴った「家質帳」、5地主の印鑑を記録した「印鑑帳」などとなる。2と3が分かれていない場合もある。2と4がいっしょになっている町もある。印鑑帳は「間数印鑑帳」という表題もあるように、間数・坪数・沽券金なども記載してあり、間数帳の性格をもつが、印鑑の記載を目的としたものは「印鑑帳」

に分類した。のちにも触れるように、「沽券帳」とあって内容は家質帳であったり、「屋敷録」という表題の「水帳」もある。年代的にはほとんどが一八世紀末からのもので、一八世紀半ば以前のデータに乏しい。巻末第三章史料に支配別・内容別に分類した一覧表に収録した。

土地台帳

江戸では土地台帳作成の統一した基準などは示されなかったようである。延享元年（寛保四、一七四四）、寛保・延享沽券図作成に当たって、「沽券金高間数帳」の作成が命じられているが、それ以前から名主のもとで「水帳」がつくられていたことが判明する。たとえばこれから活用する「五町分屋敷録」という土地台帳のなかに、「寛文三卯一一月改水帳写」、「元禄九子八月改水帳写」などの文言があり、「五町分屋敷録」の前に、寛文三年（一六六三）、元禄九年（一六九六）の「水帳」があったことがわかる。町屋敷の売買には、名主・五人組の承認が必要であったし、町屋敷の頻繁な移動を考えれば、土地台帳の作成は名主の実務からいって欠かせないものであり、どの町でも作成されていたと思われる。

文政一〇年（一八二七）吉田家が通油町北側の町屋敷を購入するにあたって、名主玄関で沽券状の受け渡しをしたが、この席に「油町水帳」が置いてあった。沽券状受け渡しとともに、水帳に記載し、新規地主が印を押したようである。しかし現在、「水帳」の表題をもつものは多くはない（巻末「旧幕町屋敷関係

図８　長尾文蔵支配の町々の「水帳」 上：表紙、下：南鍋町１丁目の冒頭部分。(国立国会図書館所蔵「旧幕引継書」)

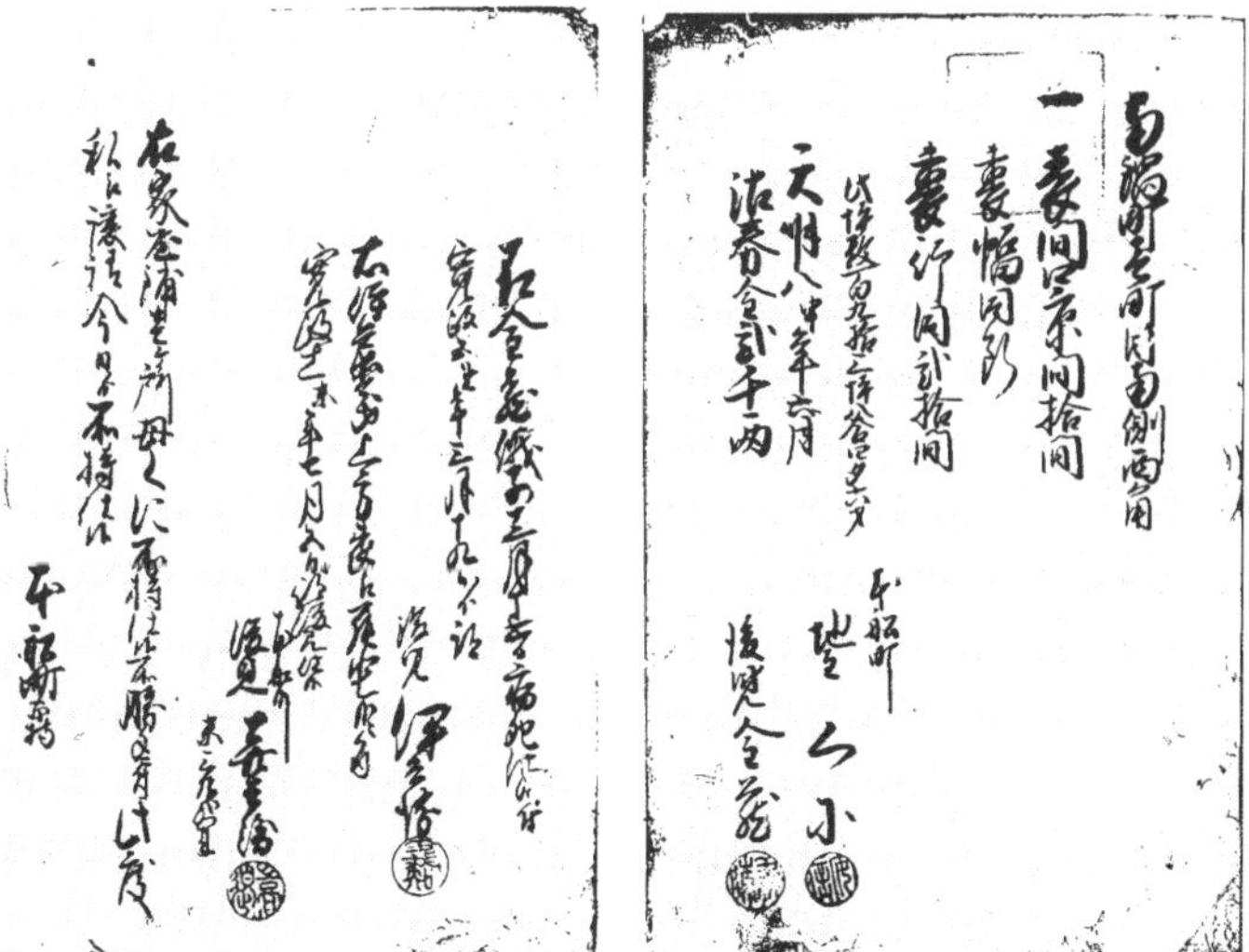

帳簿」参照)。図8は長尾文蔵支配の町々の「水帳」の表紙と南鍋町一町目の冒頭の部分である。なお、神田の斎藤市左衛門家では「水帳」を使っている。

鉄炮洲築地五カ町には、「寛延二年正月五町分屋敷録」(以下「屋敷録」とする)という土地台帳があり、さらに家質の状況がわかる「沽券帳」、そのときどき売買の記録を書きとめた「売券証文留」がある。「屋敷録」の現在の表題は「寛永二年」とある。寛永期の史料はきわめて乏しいので、閲覧の折、半信半疑ながら大きな期待をもって待ち受けていたものである。ついでにいえば、東北大学附属図書館所蔵「芝神明町沽券図」も寛永とあったが、これは宝永の誤りであった。とはいえ、

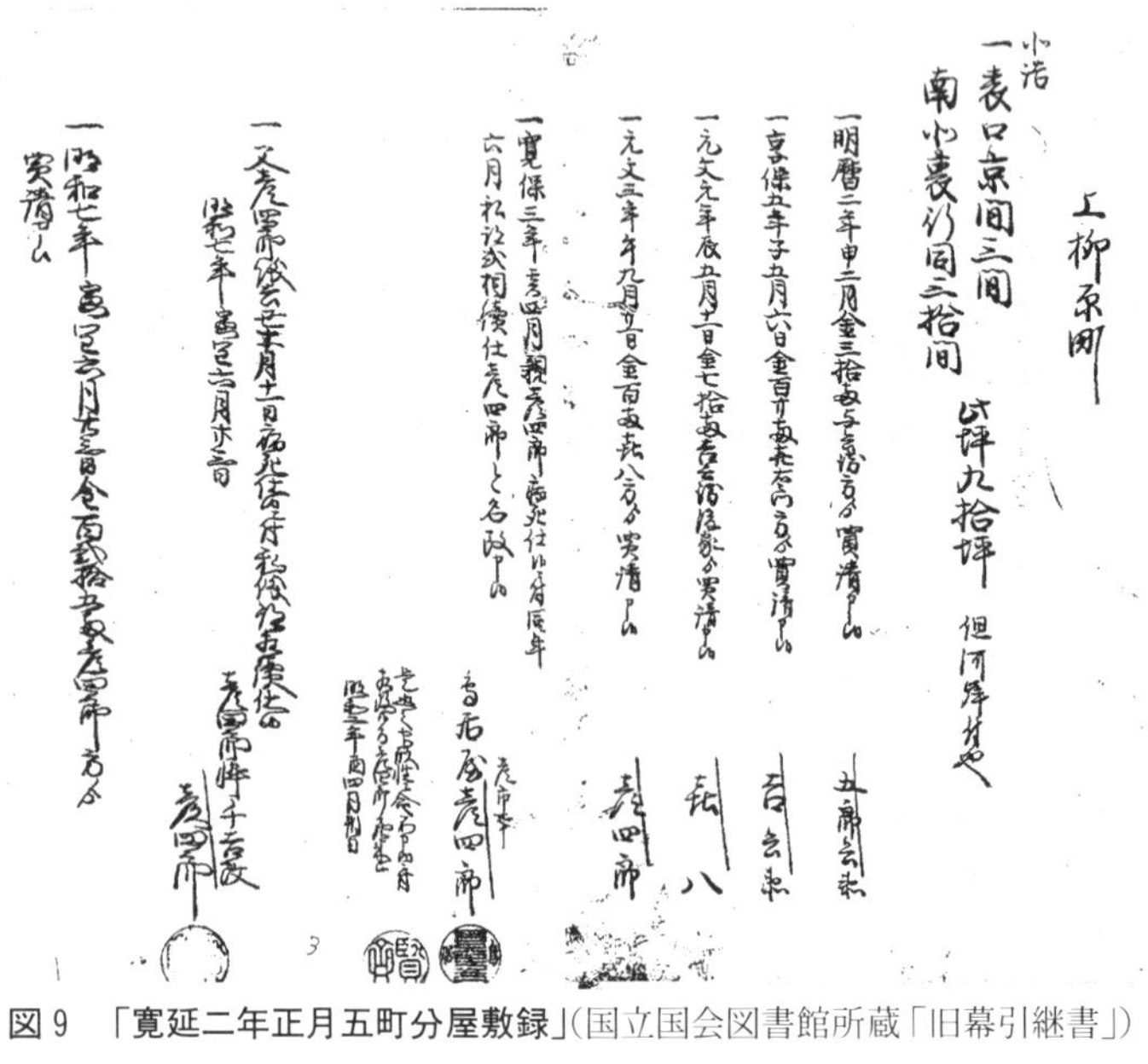

図9　「寛延二年正月五町分屋敷録」(国立国会図書館所蔵「旧幕引継書」)

寛永が寛延であっても、移動の少なかった地面では明暦二年の記事のあるものもあって、一七世紀半ばから明治初年までの土地所有の状況のわかる数少ない史料である。

「屋敷録」は元からの表題で、他町では「水帳」とも名づけられている土地台帳である（図9）。江戸の土地台帳は検地帳などとちがって、一筆ごとに書き継ぎができるようになっている。作成時点で一筆ごとに一紙をあて、冒頭に位置、表間口・奥行を記し、その下部に購入者の住所・名前が記される。坪数が書かれる場合もある。購入年月日、購入額が記されている。この購入額が沽券金（高）で、次の売買が行われるまで変更されない。その後の移動は相続・売買、後見人の変更なども記入される。相続の場合はその理由、年月日、相続人の住所・続柄、売買の場合は購入者の名前と住所、金額、年月日が記されている。「屋敷録」の場合は、帳面が新しくなった寛延二年以前の異動が簡単に転記されている。異動が増えてくれば用紙が足される。「屋敷録」では一地面が四、五丁にわたるのもめずらしくない。売渡証文は別に作成され、購入者に渡される。「屋敷録」のような土地台帳は名主によって作成されるが、ここにも購入者や相続人など新たに土地所有者になったものの印が押されている。

このように「沽券絵図」が定時の史料であるのに対し、「水帳」類は地主・沽券金高など歴年の変化を追うことができる史料である。

家質帳

水田支配の町々にはもう一つ「沽券帳」という大部の史料がある。この史料は原表紙がうしなわれ、現在「沽券帳」の表紙がつけられているが、内容は「家質帳」である。家質というのは土地を担保とした金銭の貸借である。江戸では天保一三年（一八四二）の家質改正まで、実際の売買と同じ売渡証文で行われたので混同したものであろう。

江戸と大坂では家質の契約の仕方にちがいがあることは早くから指摘されている。中田薫氏は大正一二年刊行の『徳川時代の文学に見えたる私法』において、江戸と大坂の違い、天保一三年家質改正前後の違いを指摘された。江戸では、質置主より家質となる家屋敷の「永代売渡証文」と「家守請状」とを金主に渡し、同時に家屋敷の沽券状を名主に寄託することによって設定された。「家守請状」は質置主を家守とし、金主に毎月いくらの地代店賃を払うことを約束するもので、これが利子となる。天保一三年の改正後は、借入金額、利子、期間を記した家屋敷の質入証文を作成し、沽券状は金主に渡すこととなった。家質という実態に即した契約の仕方になったのである。これに対し大坂では、「家屋敷書入証文」を授受するにとどまり、流質に及んではじめて質置主より金主に「売渡証文」を渡す慣習であったとされた。

その後、石井良助氏は「家質の研究」（一九五九）でより詳細に検討され、江戸においても1売渡証文と家守請状を金主に渡す形式と、大坂と同じように2家質証文を入れて利子を払う形式とが併用されていたが、享保一四年（一七二九）ころから1の形式のみとなり、いつのころからか沽券状を名主に預ける慣行になったとされた。しかし、江戸では、天保の家質改正前に「家質証文」と表題された文書は確認されていない。

水田善三郎支配上柳原町外四カ町の「沽券帳」は延享五年（一七四八）から慶応四年（一八六八）まで、現在は五冊に分冊されている。延享五年二月の事例から始まっているが、宝暦一〇年（一七六〇）までは基本的に売渡証文しか記載されていない。契約の実態を示す家守請状の初見は宝暦一〇年一二月の事例からである。「売渡証文」はまず当該地面の位置と間口奥行の寸法、売渡金額（借入金）が記され、なににせよ違乱行為に対して責任をもつことが記される。作成者は売主（質置主）で、五人組・名主が署名・押印し、宛名は金主である。文面は売買において作成される証文とまったく同じである。この屋敷を家質書入れしたという追加の文面、何年何月返済とかの書き込みがなければ家質証文であるかどうかは判明しない。「沽券帳」の場合、売渡証文の末に返済状況の書きこみがある。

家守請状の初見である宝暦一〇年一二月の記事は三点の文書からなっている。1売渡証文（図10―1）と、2家守請状（図10―2）と、3名主から質置主に宛てた沽券状の預り状（図10―3）とである。なお、この場合3の預り状は1の売渡証文の丁に貼りつけて保存されている。

家守請状の読み下し文は左記の通りである。

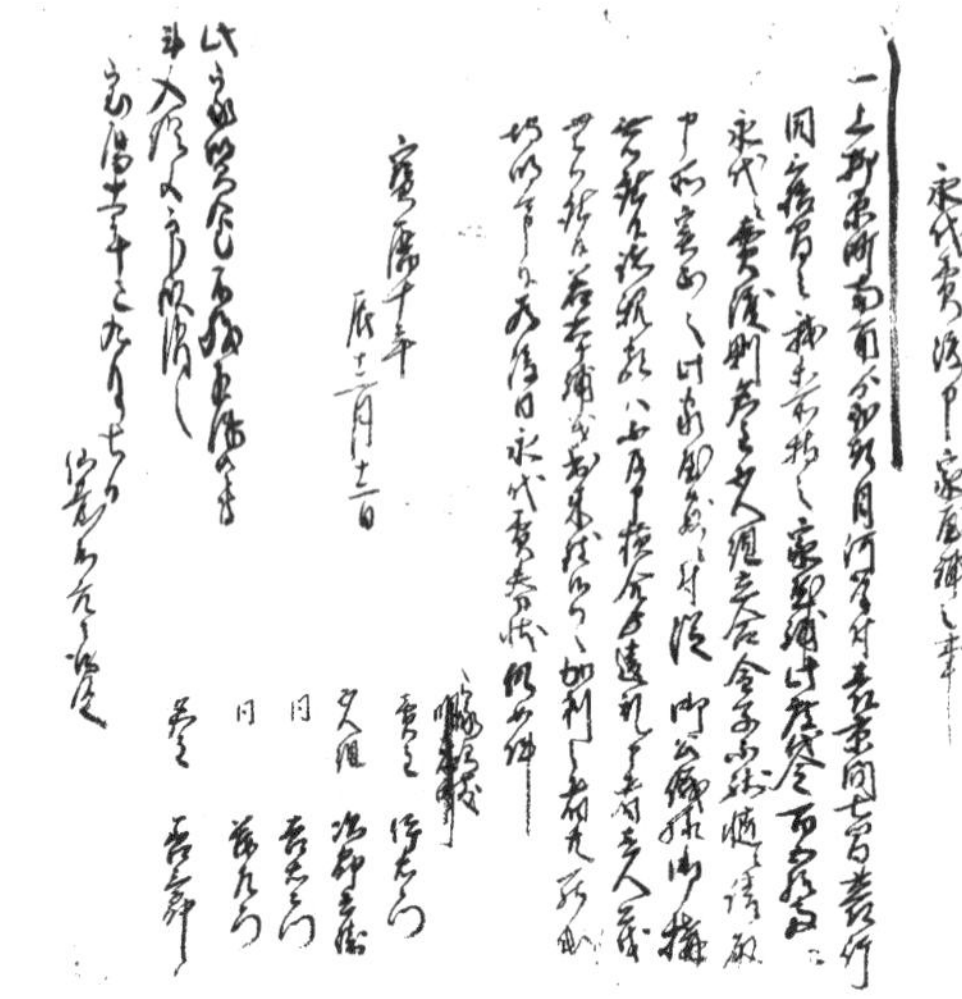

図10－1　家質（1）売渡証文

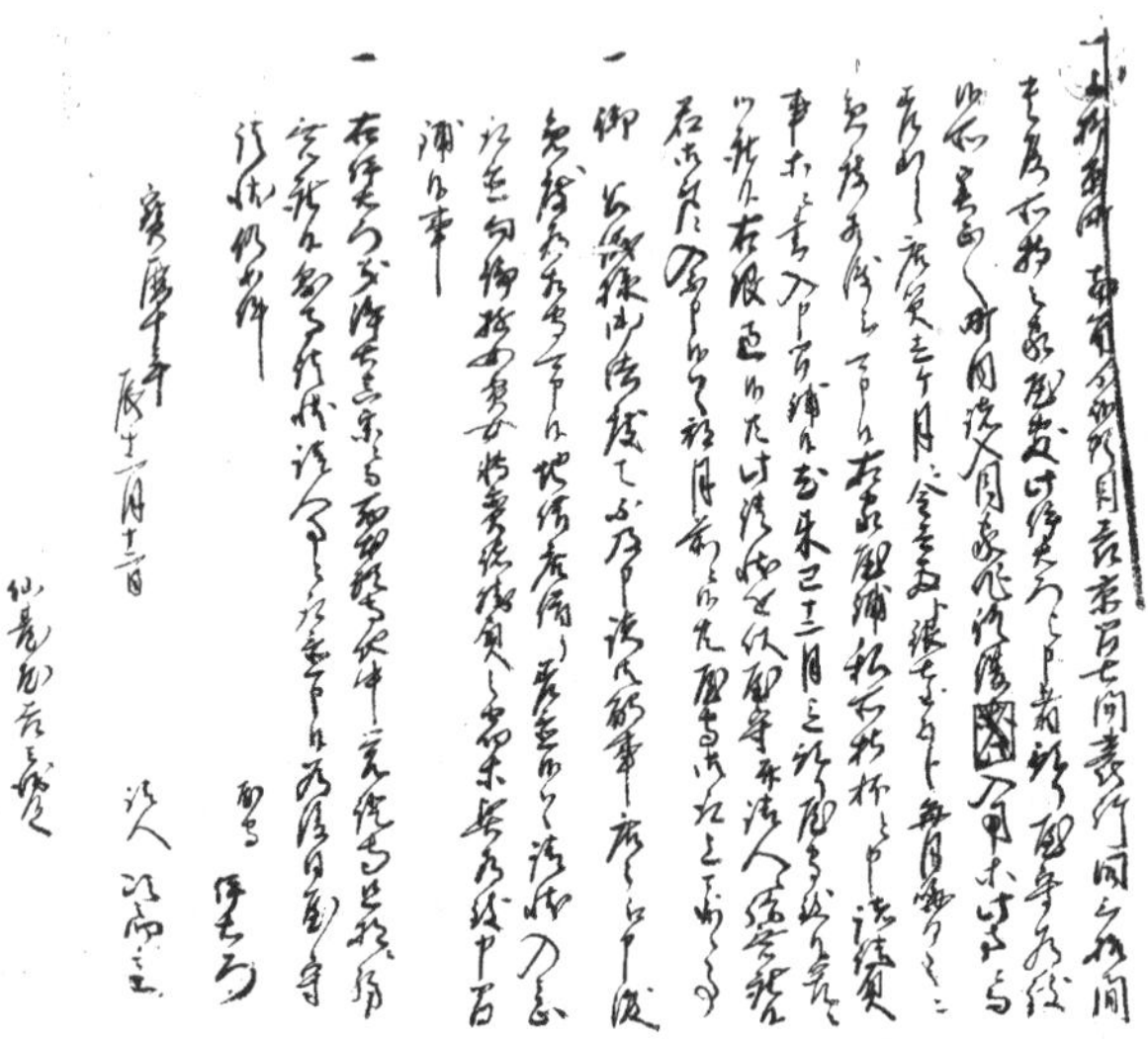

図10－2　家質（2）家守請状

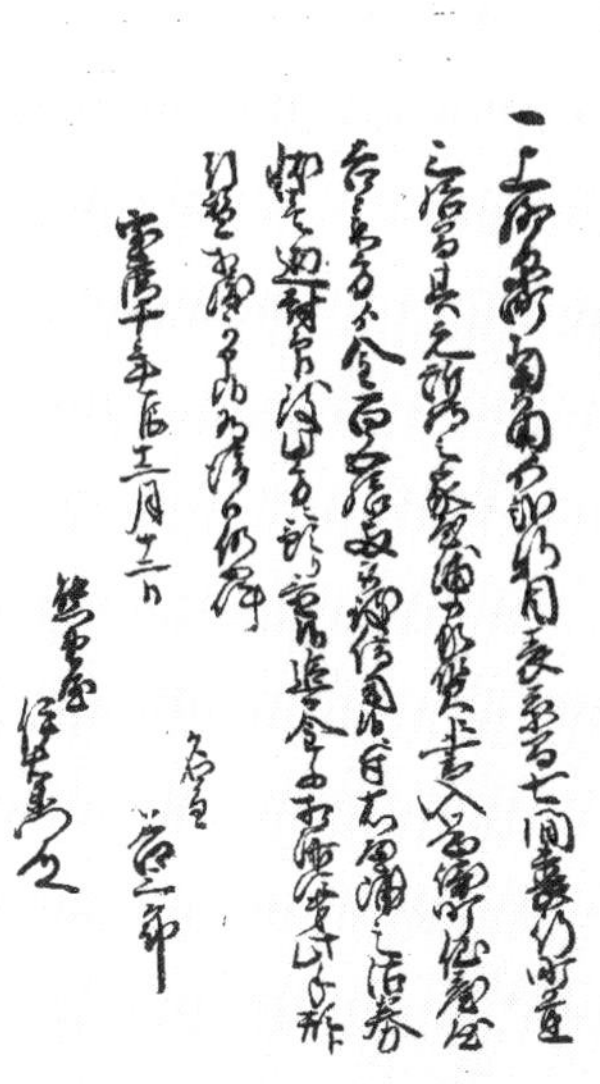

図10－3　家質（3）一札之事（図10－1～3はすべて国立国会図書館所蔵「沽券帳」）

屋守請状の事

一上柳原町南角より二軒目、表（間口）京間七間、奥行三〇間の貴殿（仙台屋吉兵衛）所持の家屋敷について、この伊右衛門が預かり、家守を勤めることにいたします、町内諸入用・家作修復入用などは当方（伊右衛門）でもち、その上で店賃として一カ月に金一両と銀七匁五分を毎月晦日にお納めいたします、この家屋敷を自分のものだなどといって、博奕などのかたに入れたり致しません、来年一二月までの約束ですが、期限を過ぎてもこの請状の通り家守役を勤めます、もし気に入らない場合は期限前でもお取上げください。

一御公儀様の御法度、その他触れだされたことはかならず店内《たなうち》のものへ伝え、地借り店借りのものからはきちんと請状をとり、遊女・売女・博奕の宿にさせません。

一伊右衛門の宗旨は浄土真宗で、西本願寺地中覚証寺の旦那に間違いありません、寺請状を請人が預かっています。後日のため、家守請状は以上の通りです。

宝暦一〇年辰一二月一二日

屋守　伊右衛門
請人　次郎兵衛

仙台屋吉兵衛殿

「屋守請状之事」は、売渡証文と同じく、位置、間口奥行の寸法を記し、質置主を屋守とし、町内諸入用・家屋の修復入用など屋守が負担した上で店賃いくらを、いつまでの期間、毎月かならず納入すること、公儀の法度を守り、地借り・店借りにも徹底させることを誓約し、宗派と旦那寺が記されている。宛名は金主である。地代・店賃が利子に当たるもので、この家守請状によってはじめて家質の契約内容が判明する。期間はほとんどが一年で、利子を滞納したり、返済できないときの条件などは記されていない。

五カ町町屋敷の動向

「屋敷録」から売買の件数を、「沽券帳」から家質の件数を取り出し、一〇カ年単位に一覧にしたのが表4である。一証文を一件とした。一地面を分割してそれぞれ売買、質入した場合はそれぞれを一件とした。総件数は売買三八九件、家質二三七件である。「屋敷録」作成の起点である一七四〇年代以降、これは「沽券帳」の記載が始まる年代でもあるが、売買件数は三〇六件である。五カ町の地面数は最多で六〇筆であ

表４　五カ町売買・家質件数

	上柳原町		南本郷町		南飯田町		十軒町		明石町		計	
	売買	家質	売買	家質	売買	家質	売買	家質	売買	家質	売買	家質
～1660(万治３)	5										5	
1661～70(寛文10)	2		1		1						4	
1671～80(延宝８)	4		1		0						5	
1681～90(元禄３)	4		0		0						4	
1691～1700(元禄13)	4		2		1						7	
1701～10(宝永７)	0		4		4						8	
1711～20(享保５)	9		5		6						20	
1721～30(享保15)	4		4		3						11	
1731～40(元文５)	10		1		5		3				19	
1741～50(寛延３)	5	3	3	2	6	9	5	17		5	19	36
1751～60(宝暦10)	8	9	5	1	8	16	16	13	1	3	38	42
1761～70(明和７)	6	15	8	3	3	7	14	11	3	3	34	39
1771～80(安永９)	1	5	0	3	6	4	8	5	0	0	15	17
1781～90(寛政２)	16	1	0	4	6	3	7	5	4	2	33	15
1791～1800(寛政12)	12	6(2)	8	5(2)	6	2	6	2	0	0	32	15
1801～10(文化７)	3	5(1)	7	3(1)	12	9(1)	4	2	0	0	26	19
1811～20(文政３)	4	2	4	3	4	7	8	3	1	1	21	16
1821～30(天保元)	3	4(1)	1	4	4	3	4	0	1	0	13	11
1831～40(天保11)	13	1	4	0	5	0	5	4(1)	1	0	28	5
1841～50(嘉永３)	8	2	1	0	7	3	10	7(5)	0	0	26	12
1851～60(万延元)	5	0	2	2	1	1	3	4	0	0	11	7
1861～68(慶応４)	0	0	2	1	2	1	4	1(1)	2	0	10	3
計	126	53	63	31	90	65	97	74	13	14	389	237
1741以降　計	84	53	45	31	70	65	94	74	13	14	306	237
地割数	13		5		12		16		3		49	
最細分値	19		9		12		17		3		60	
延享小間高平均	62.61両		58.44両		65.85両							

「沽券帳」１～５、「五町分屋敷録」上・下　(　)内町会所貸付金

るから、一筆あたり五・一回、二五年に一回の売買である。平均すると頻繁な異動というわけではないが、一〇〇年以上にわたって所有しているものもいれば、四、五年で売買されている地面もある。上柳原町には拝領屋敷が二筆あり、一五〇年近く異動のない地面を除き、当初の地割一三筆で計算すると、一五年に一回の異動となる。先に紹介した伊勢町の鈴木三右衛門家の地面、通油町吉田市右衛門購入の地面とは異なる様相を示している。

一地面当りの売買回数は、全期間平均で南本郷町が九回、他は六回前後とあまり差がないものの、時期にはばらつきがある。上柳原町は一七八一～一八〇〇年、十軒町では一七五一～一七七〇年に多い。全体としてみると売買は一八世紀後半に多く、化政期に減少し、その後増加、天保改革前後での変化はなく、幕末は減少している。

家質については上柳原町では一七五一～一七七〇年、十軒町では一七四一～一七七〇年に多い。全体では一八世紀半ばの三〇年間に集中し、一七七〇年代になると激減している。寛延元年（一七四八）閏一〇月、家質金口入世話役会所設立の申請があり、ついで寛延三年（一七五〇）一二月、江戸大坂家質改奥判会所設立の申請がされているので、この時期町地の売買・質入が活発であったことは五カ町にかぎらないことであった。法制史の研究では、土地を担保とする金融には、家質のほかに名主・五人組の加判のない「書入」や、「沽券貸」などの方法もあったということなので、土地をめぐる金融関係は活発であったといえよう。

隣町の南小田原町について分析した中藤淳氏の研究によると、一六七〇～一七五九年の売買件数は三六件、一七六〇～一八〇九年の売買件数四九件、家質件数二一件、一八一〇～一八六八年の売買件数六四件、家質件数三一件となっている。隣町だが件数の変化に違いが見られる（中藤、一九八六）。

地価の変動

上柳原町・南本郷町・南飯田町三町分については、延享元年（一七四四）作成の「延享沽券図」がある。そこに書き込まれている上柳原町の沽券金高は、一間あたりにすると、角地が七五両、それ以外の中屋敷は六〇両となっている。南本郷町は東の角地が六五両、西の角地が七五両、中屋敷五〇両、南飯田町の角地は東端（明石橋橋詰）八〇両、上柳原町内飛地が七五両、中屋敷六〇両に統一されている。いずれも奥行三〇間である。実際の価格はどうか。「屋敷録」によって、延享元年前後一〇年間位に売買された価格を見ると、上柳原町の場合、角地が三八・三両、中屋敷が三三・三両から四二・九両と一間あたりにして一〇両近い差がある。南本郷町では二二・二両から六六・七両と差があるが、この六六・七両の地面は数年後四七・八両で売却されている。南飯田町でも二〇両のところは例外としても、四〇両、四八両、五五両とさまざまである。実際には価格の基準のようなものはなかったのである。延享沽券図のない十軒町のこの時期の売買価格は、角が九〇両と九六両、中屋敷が六〇両から七五両である。十軒町は奥行一〇間の町なので、奥行三〇間とした額である。同じ海つづきの町だが、奥行一〇間が三〇間に匹敵する価格となっている。またこの地域では、延享沽券図の沽券金高が実勢よりかなり高く記されていたことがわかる。

こうした地価の多様性を認めた上で、地価の変化を見るために作成したのが表5である。古くからのデータのある上柳原町を取上げた。二〇〇年にわたる期間であるからさまざまな要因が絡まり、この数値

表 5　上柳原町地価
表間口 1 間奥行 30 間当り

年　代	地　価
1651～	12.5両
1661～	26.2
1671～	40.1
1681～	78.6
1691～	90.4
1700～	—
1711～	51.6
1721～	40.3
1731～	34.9
1741～	31.2
1751～	42.8
1761～	46.2
1771～	—
1781～	35.6
1791～	37.2
1801～	—
1811～	58.3
1821～	—
1831～	66.5
1841～	75.8
1851～	76.7
1861～	—

をそのまま鵜呑みにはできないが、一応の目安にはなるであろう。一〇年刻みに、その間の売買金額を集計し、機械的に間数で割った数値である。この町は奥行三〇間であるから三〇坪あたりの金額である。

この地域の地価がわかるのは一六五〇年代からである。三〇坪あたり、同じ中屋敷で二五・七両から四・三両と差がある。平均して一二・五両、二〇坪に直すと八・三三両である。鈴木三右衛門が一六四〇年代に伊勢町で購入した価格は、二〇坪あたり一四六・五九両、一六六〇年に購入した価格は同じく二二一・九両であったから、地域的にかなりの差が生じていたことがわかる。通油町の一六四〇年代の価格は七八・五七両であった。

その後一七世紀後半にかけて上昇し、元禄期には九〇両を越えている。一八世紀に入って下がり始め、享保期には三〇両台にまで下がる。これは貨幣改鋳の影響がある。正徳二年（一七一二）物価引下げのため、貨幣価値の高い貨幣を鋳造し、この新金銀と通用金銀との交換比率を一対二とした。理屈の上からは物価は半額になる。しかし容易に定着せず、手直しも加えられ、享保八年（一七二三）新旧貨幣の引換停

表6　天保改革前後の地価変化　間口1間奥行き30間、単位両

	1821～30	1831～40	1841～50	1851～60	1861～68
上柳原町	—	66.5	75.8	76.7	—
南本郷町	24.4	39.6	33.3	47.1	40.9
南飯田町	78.6	80.8	54.2	70.0	65.5
十軒町	144.0	121.5	117.6	126.9	120.0
明石町	83.3	116.7	—	—	116.7

止となった。三井家では、新金銀通用令をうけて、享保四年（一七一九）評価額を金建て二分の一、銀建て四分の一に切り下げ（まもなく切り下げ率を緩和）ている。諸物価の引下げはのぞむところであっても、低米価は武家の生活、幕府財政を困難にする。元文元年（一七三六）米価引き上げのため、品位四割減の貨幣を鋳造し、交換比率なし、同額での通用を命じた。こうした経済的混乱のなかで、地価も大きく変動していたことがわかる。上柳原町の具体的事例を上げると、東北の端から四軒目（一一〇・一一一頁図11④）、二一五坪の地面は万治二年（一六五九年）に一八〇〇両、元禄一一年（一六九八）七〇〇両、正徳四年（一七一四）にはまだ下がらず八〇〇両、一七三〇年代になって二五〇両と下がっている。もう一例東北の端から二軒目（図11②）、九〇坪の地面は万治二年（一六五九）三〇両、延宝三年（一六七五）一二九両、享保五年（一七二〇）一二五両、延享二年（一七四五）一〇〇両と同じ動きをしている。元文の改鋳後も地価はすぐには回復しなかった。一七五〇年代（宝暦）になって回復してくるが、天明・寛政期にはまた下がり、この時期に土地異動が激しい。

天保改革前後の地価の変動を見るために作成したのが表6である。表5と同

じように、一〇年ごとに、売買された金額の合計を、その間数で割ったものである。奥行三〇間当りに訂正してある。一八四一年が天保一二年、引下げ令の前年である。これも町によってちがっている。南本郷町・南飯田町・十軒町は奉行所の期待するとおり、地代店賃引下げ後、地価が下がっているが、上柳原町はむしろ上がっている。十軒町は化政期が高い。嘉永・安政期にはいずれも上昇しているが、幕末の急激な貨幣価値の下落を考慮すれば、地価は足踏み状態であったといえるかもしれない。それ以後は売買自体が停滞したようである。

この地域は、寛政の町法改正前後、江戸市中全体のなかでは上の部に位置づけられている。町人地を多面的に分析した玉井哲雄氏は、沽券高の面から見ると、水田支配の町々は、元禄期の急上昇、享保期の暴落後、幕末にいたるまで元禄期の地価まで回復していない地域、京橋地域では場末に位置する地域であるとされている。

五カ町の家質

先に、売買件数とともに家質件数を表4にまとめておいた。つぎの表7は返済状況を明らかにするために作成したものである。

家守請状に書かれている返済期限は、天保改正前はいずれも一年後である。そして期限がきたら土地を金主に引渡すこと、期限前であっても一カ月でも地代店賃を滞納したら家守役を罷免される（契約終了）ことが記されている。一見一年期限で返済を迫られる文面だが、一方で引きつづき家守役を勤める場合はこの請状を引き継ぐとあって、継続性をもたせている。「沽券帳」では家質の返済状況が年月日、返済・書替・売渡の別が書きこまれている。書替は同じ金主の場合もあるがほとんどは別の金主に借り替えたものである。なにも書かれていない例もあるが、これは書き落としというより長期間返済されなかったものではないかと思われる。まず当初の契約からその契約の終了までの期間（返済・書替・売渡の年月まで）がわかる一八八例についてみると、表7のように、五カ町あわせて、一年未満一六・〇％、一年以上三年未満三二・〇％、三年以上五年未満二二・三％、五年以上一〇年未満二〇・七％、一〇年以上九・〇％となる。一年から五年までで七〇％となるが、一〇年以上という例もある。これはあくまで一つの契約の終了までの期間で、書替をくり返す場合にはさらに長期にわたって家質に入っていることになる。

表7　五カ町家質の返済状況

返済までの期間	件数	割合(%)
1年未満	30	16.0
1年以上3年未満	60	32.0
3年以上5年未満	42	22.3
5年以上10年未満	39	20.7
10年以上	17	9.0
計	188	100

無記入三九件を除くと、返済し借金状態から脱出した例が三〇％、書替が三一％、売却が三九％となる。家質の七〇％が返済困難に陥っている。売却にあたって、家質の金主が買い手という例は全体のうち一〇例に満たない。その場合もそのまま流地となるのではなく、売買契約が取り結ばれている。一度の日切り

表８　上柳原町の家質一覧

地番	書入れ年月	終了年月	金額(両)	質置主	金主	利子（月）
⑪	1748.03	1749すみ	50	上柳原町播磨屋九兵衛	上柳原町冬木茂兵衛	
②	1748.05	1755すみ	72	上柳原町鳥居彦四郎	十軒町小島屋太郎兵衛	
⑧	1749.07	1754すみ	70	遠州屋与兵衛	大黒屋平左衛門	
⑤	1751.05	1751売却	100	助右衛門	貞信	
①	1752.10	1764書替え	87	鳥居彦四郎	十軒町才賀屋伊兵衛	
⑧	1755.03	1756売却	100	遠州屋与兵衛	甚太郎	
⑫	1755.11	1759書替え	160	南茅場町豊島屋辰之助	霊巌島銀町弥右衛門	
②	1758.08	1762書替え	50	彦四郎	正木町吉川安兵衛	
③-2	1760.02	1767書替え	15	冬木喜平次妹みん	冬木屋茂兵衛	
⑦	1760.07	1760.12すみ	140	舟松町２、神戸屋治助	上柳原町白子屋伝左衛門	
⑥-2	1760.07	1760.12すみ	60	舟松町２、神戸屋治助	白子屋伝左衛門	
⑫	1760.12	1761. 9すみ	150	明石町熊野屋伊右衛門	岡崎町仙台屋吉兵衛	１両と銀７匁５分
⑥-2	1761.05	1772. 4すみ	100	神戸屋藤兵衛	南小田原町１、冨田屋権兵衛	
②	1762.07		70	鳥居彦四郎	木挽町４、利倉屋善兵衛	
①	1764.11	1769. 4書替え	80	鳥居彦四郎	冨田屋権兵衛	
②	1765.03	1769. 4書替え	85	鳥居彦四郎	南伝馬町伊勢屋久五郎	
⑫-1	1765.10	1768. 3書替え	75	十軒町伊勢屋市左衛門	熊野屋おたみ	金１分２朱

⑫-2	1765.10	1768. 1書替え	75	十軒町伊勢屋市左衛門	熊野屋金次郎	金1分2朱
⑧	1767.01	1768. 1書替え	60	霊巌島浜町名主妻いく	冬木屋茂兵衛	五節句毎金3分銀12匁6分、年4両3分と3匁
③-2	1767.03	1770.11すみ	10	長次郎	冬木屋茂兵衛	銀6匁
⑧	1768.01	1769. 5書替え	230	いく	冬木屋茂兵衛	1両2分と銀2匁
⑫	1768.03	1774. 1書替え	200	伊勢屋市左衛門	三河屋佐平治	1両と銀10匁
①	1769.04	1770.閏6売却	100	鳥居彦四郎	神田鍛冶町治右衛門娘もと	金2分と10匁
②	1770.06	1770.閏6売却	100	鳥居彦四郎	もと	金2分と10匁
⑧	1769.05	1774. 3売却	260	いく	十軒町家主伯母りえ	1両1分と9匁5分
①	1770.08	1775. 2書替え	50	神田鍛冶町治右衛門娘もと	京橋水谷町阿波屋又八	金1分と銀1匁2分5厘
②	1770.08	1775. 2書替え	50	もと	阿波屋又八	金1分と銀1匁2分5厘
⑫	1774.01	1785. 4売却	250	伊勢屋市左衛門	南小田原町伊勢屋嘉兵衛	1両1分
①	1775.02	1779.11書替え	62.5	神田鍛冶町治右衛門娘もと	りえ	金1分と5匁3分1厘2.5
②	1775.02	1779.11書替え	62.5	もと	りえ	同上
①	1779.11	1784. 2売却	75	もと	冬木屋茂兵衛	金1分と銀9匁3分7.5
②	1779.11	1784. 2売却	75	もと	冬木屋茂兵衛	同上
⑫	1785.04	1793. 7売却	250	名主水田善三郎	伊勢屋嘉兵衛	1両と2匁5分
⑤-2	1793.12	1797. 6売却	55	神戸屋藤兵衛	喜八	金1分と7匁
⑥-2	1796.11	1797. 6売却	20	神戸屋藤兵衛	町会所	平均3分の積り、月金1分と8匁、60か月成崩し
⑥-2	1797.06	1797. 6すみ	35	神戸屋藤兵衛	おいと	金1分と11匁2分5厘

⑤-2	1798.08	1799. 4売却	100	下谷辻番屋敷店借り妻いと	次兵衛	1両1分と5匁
⑥-2	1798.08	1799. 4売却	100	同いと	次兵衛	1両1分と5匁
④-1	1798.11	1805. 3書替え	130	冬木茂兵衛	滝山町町医師橋爪仲雄	1・2合わせて3両3分ずつ
④-2	1798.11	1805. 3書替え	70	冬木茂兵衛	橋爪仲雄	
⑩	1799.03		8	大高宗睦	町会所	平均3分の成り、月銀9匁2分宛、5か年成崩し
⑥-1	1802.04	すみ	80	美濃屋九兵衛妻さよ	伊勢屋太兵衛	銀45匁
④	1805.03	1807.11書替え	200	冬木茂兵衛後家つな	橋爪仲雄	1両
⑧	1806.11	1808. 5売却	100	京橋金六町店借姉やえ	山田屋庄左衛門	金2分2朱
④	1807.11	1809. 7書替え	215	つな	若津屋宇兵衛	1両4匁5分
④	1809.07	1816. 2売却	250	つな	若津屋宇兵衛	1両1分
⑨	1810.05	(1816預地)	75	曾谷長順	町会所	平均3分、月1両1分と11匁2分5厘
⑦	1815.04		100	京橋水谷町つね娘せの	岡本屋長十郎	25匁
⑤	1820.04	1827. 2すみ	120	清次郎	おゐち	
⑬	1822.12	1824. 5売却	200	木挽町5、店借清兵衛	おみえ	1両
⑦	1823.01	1832売却	400	本材木町6、善助	鈴木三右衛門	100匁
⑧	1829.11		250	鮫河橋谷町佐兵衛妻まき	町会所	5か年成崩し
⑤	1830.05		300	本町3、店借清次郎	井筒屋三郎兵衛	1両2分
⑫	1840.08		180	深川八名川町店借娘かく	おのぶ	1両1分
⑫	1843.02		180	村垣左太夫家来渡邉良助	おのぶ	56匁2分5厘
④	1844.12		180	上柳原町地借七右衛門	山田屋清助	49匁5分

で流地というのは裁判沙汰になったときの決まりであるが、江戸の家質の実態もそれほど単純ではない。

上柳原町の家質を一覧にしたのが表8である。地番の欄の数字は図11延享沽券図（一一〇・一一一頁）の数字に対応する。終了年月欄「すみ」とあるのは返済しおわったものである。長期にわたって家質に入っていた地面もある。次項でふれる十軒町地主伊勢屋市左衛門は書替えをくりかえし、二〇年にわたって家質に入っていた。鳥居彦四郎、冬木茂兵衛も一八年間家質を入れていた。営業と土地所有が一体化している場合、簡単には土地を手放さなかったし、家質という延命策が可能であった。

家質利率

利率について触れておきたい。享保一四年（一七二九）、米価下落を受けて、貸金銀の利率を五％に引き下げるよう命じた法令に対し、名主たちから、家質は家守証文で宿代金が大金の場合はおよそ一〇％ほど、少額の場合は一五％ほどときめ、毎月取り立てているが、これも五％とすべきかとの伺いが出され、その通りとの指令があった。家質の利率は一般的に貸金銀の利率より低いといわれる。天保一三年（一八四二）、従来上限一五％であった借金銀利息を一二％に引下げるよう命じられた。その

表9　家質利率
（五町分）

年間利率	件
1％～	2
2～	0
3～	1
4～	12
5～	14
6～	39
7～	17
8～	16
9～	2
10～	4
11～	1
12～	7
13～	0
14～	2
15～	1
20～	0
24～	1
	119

表10　天保改正前後の家質利率（年利・％）

	Ⓐ1843～	Ⓑ1831～42	Ⓒ1821～30
上柳原町	5.75	8.0	5.67
南本郷町	8.67	—	8.38
南飯田町	8.1	—	8.0
十軒町	4.93	4.0	—
明石町	—	—	5.0
船松町2丁目	6.0	5.5	4.0

頃、町奉行鳥居甲斐守は家質の利息は一ヵ年三％より六％くらいと述べている。家質について上限の定めなどはみられない。

水田支配の町々について利子の記載があるのは、町会所貸付金の元利成し崩しを除いて一一九例ある。月極めで書かれている利子を、閏月の有無を無視して一二倍し、家質金額との割合を出したのが表9である。銀は六〇匁一両に固定した。最高は明和二年（一七六五）の二四％、最低は一・二％である。多様であることを示すために、あえて細かく集計した。四～五％が二二・八％、六％台がいちばん多く三二・八％、九％未満までで八四・九％となる。一二％以上は九・二％である。一〇年刻みの平均でも四％から一一％までさまざまで、とくに時間的な変化の傾向は見られない。

天保一三年（一八四二）、家質の改正が行われた。これまで売渡証文と家守請状で取り組まれていた手続きを改め、家質証文で行われることになった。同時に、地代店賃引下げ令を受けて、引下げ額にみあった利子に書き改めることになった。しかし、水田支配五カ町の場合、従来の家質証文が書き改められた記録はない。表10は地代店賃引下げ後の家質利子の動向を見るために作成したものである。一八五〇年代以降、家質の件数も減り、記述も荒くなっているので十分なデータがとれないが、改正後の利子の平均を出したのがⒶである。家質改正前の一〇年Ⓑ、さらにその前一〇年Ⓒと比較してみた。上柳原町では天保期に高く、改正後、天保前の率に戻っている。しかし十軒町では天保期よりむしろ上がっている。この場合だけ船松町二丁目のデータを加えたが、ここは十軒町と同じ傾向である。地代店賃引下げが、即家質利子の引下げとはならなかったのである。

町会所貸付金

町会所貸付金を借り入れている例は一五件ある（表4）。町入用の一〇％を削減し、その七〇％を年々拠出して備荒貯蓄にあてるという七分積金制度は順調にその基盤をかためていった。事業は困窮者の救済だけでなく、町人を対象とする家質貸付、名主役料を担保とする名主貸付、拝領町屋敷地代店賃を担保とする下級御家人への貸付などと広がっていった。吉田伸之氏はこれら町会所貸付事業の全貌を明らかにされているが、そのなかで流地について具体的に分析されている（吉田、一九九一）。流地というのは、貸付金の元利とも返済できず町会所に取上げられるにいたった地面のことである。町会所付地面になってからも収益が上がらず、元地主に返還したり、売却したりせざるをえない状況が明らかにされている。これらは町屋敷経営の困難さを物語るものである。しかし全体としてみるとき、流地が寛政四年（一七九四）から嘉永元年（一八四八）までの五六年間に一〇二件、一一九地面に対し、家質貸付件数は、文化八年（一八一一）一五一二件、天保七年（一八三六）一四七〇件、天保一四年（一八四三）四六六一件と桁ちがいの数値である。

水田支配の五カ町一五件の町会所家質のうち二件は上柳原町の拝領地である。二件とも返済が滞り、預地《あずけち》となっている。預地というのは元利とも支払えず町会所預りとなった地面のことである。上柳原町、南飯田町、南本郷町の七件は一八〇〇年前後、比較的早い時期のものである。十軒町には七件があり、いずれも天保期のものである。うち六件は同じ地面のものである。つぎつぎと地主が変わり、いずれも町会所家質を借り入れ、売却して返済している。一五件のうち売却せず返済している例は四件、売却して返済が八件、預地二件、流地〇、不明一件である。売却による返済が多いことは町屋敷経営の不安定さを示すものであるが、この町の場合、武家方を除けば町会所に損をかけてはいない。

家質滞納と出入

坂倉屋六兵衛は十軒町横町北角より七軒目、間口一〇間、奥行一〇間の地面を所持していた。寛延三年（一七五〇）、一〇間のうち五間を担保に、小嶋屋太郎兵衛から一〇〇両借用、宝暦元年（一七五一）残り五間を担保に伊勢屋七郎兵衛より一〇〇両借用した。後者は宝暦六年（一七五六）返済、前者は宝暦四年（一七五四）借り換え、才加屋伊兵衛から七〇両借用した。小嶋屋太郎兵衛から借りた一〇〇両との差額のことだろうか、「残金三〇両、相対のうえ一三両受取、委細申分なし」との文面がある。こうした借金の一部棄捐の例は鈴木三右衛門にもあり、稀なことではなかったのではないかと思われる。この地面は宝暦八年（一七五八）、亀島町町医師岡田隠安の娘こんに二三〇両で売却された。

寛政一〇年（一七九八）、南飯田町では家質の出入があった。扱っている事例のうちで唯一裁判沙汰になった事例なので紹介しておく。地面は上柳原町内に飛地となっているところで、かつて広島屋作左衛門の所有地で、のちに橋爪為仲の所有、取り上げとなった地面である。質置主は米沢町江市屋藤四郎、天明八年（一七八八）、間口四間一尺、沽券高三五〇両の土地を担保に、浅草御蔵前片町坂倉屋助太郎から二〇〇両を借りた。期限は翌年の一一月、利子は月々一両と一〇匁の約束であった。利子の納入も滞り、寛政一〇年八月に訴えがなされ、一二月までの返済が命じられた。それも返済できなかったのであろう、寛政一一年六月、助太郎に二五〇両で売却し、一件落着となった。どのくらいの滞納があったのかはわからない。

二　一八世紀の地主

延享沽券図の地主

延享沽券図（一七四四）によって一八世紀半ばの地主について見ておきたい。延享沽券図があるのは上柳原町・南飯田町・南本郷町の三町だけである。上柳原町の当時の地面は一六筆、うち拝領屋敷二筆を除き一三名の地主がいた。町内居住の居付地主が七名、そのうち白子屋伝兵衛が二筆所有、他町の地主が六名であるが、その住所は本湊町・南小田原町二丁目・舟松町二丁目・南本郷町と周辺の町々である。南本郷町は居付五名、他町は松屋町・銀座である。南飯田町は一一名の地主のうち居付四名、他町七名には本船町・松屋町・新材木町など番組のちがう町のものもいる。

十軒町を「屋敷録」で押さえてみると、当時の地面数一六のうち、他町地主は舟松町の大野屋庄九郎だけである。明石町は三名のうち二名が町内、もう一人は十軒町である。こうしてみると延享沽券図の時期、一八世紀半ばには、南飯田町を例外として、この地域は他町地主の少ないところで、居付によって構成される町々であった。

五カ町のうち比較的輪郭がわかる何人かの地主を取上げてみる。上柳原町の播磨屋九兵衛、鳥居彦四郎、伊勢屋市左衛門、神戸屋藤兵衛などである。以下丸で囲った数字は図11上の番号に照応する。

播磨屋九兵衛

幕末にいたるまで、十組問屋仲間加盟の問屋が少ないこの地域で、上柳原町藍玉問屋播磨屋九兵衛は長期にわたって地主の地位を保っていたものである。播磨屋九兵衛は享保二〇年（一七三五）に上柳原町⑪を二六〇両で購入し、延享四年（一七四七）からごく短期間、地所の一部を家質に入れたものの、維新後までこの地を所持し、営業をつづけている。本拠を阿波におき、播磨屋九兵衛名前のほかに藍玉問屋株六株を所有していた。文化三年（一八〇六）には五〇〇両、文化一〇年には八五両の御用金を納入している。

鳥居彦四郎

鳥居彦四郎は、元文三年（一七三八）、上柳原町の東北の端、南飯田町に接する町屋敷①間口京間三間、奥行三〇間を一〇〇両で購入、つづけて南隣り②間口京間三間、奥行三〇間の地面を、延享二年（一七四五）に一〇〇両で購入した。いずれも明和七年（一七七〇）、神田鍛冶町二丁目治右衛門娘もとへ一二五両ずつで売り渡した。①は明暦二年（一六五六）、三〇両で五郎兵衛が購入、その後享保五年（一七二〇）に一二〇両、彦四郎は三人目の地主となる。②は万治二年（一六五九）に三〇両で売買され、延宝三年（一

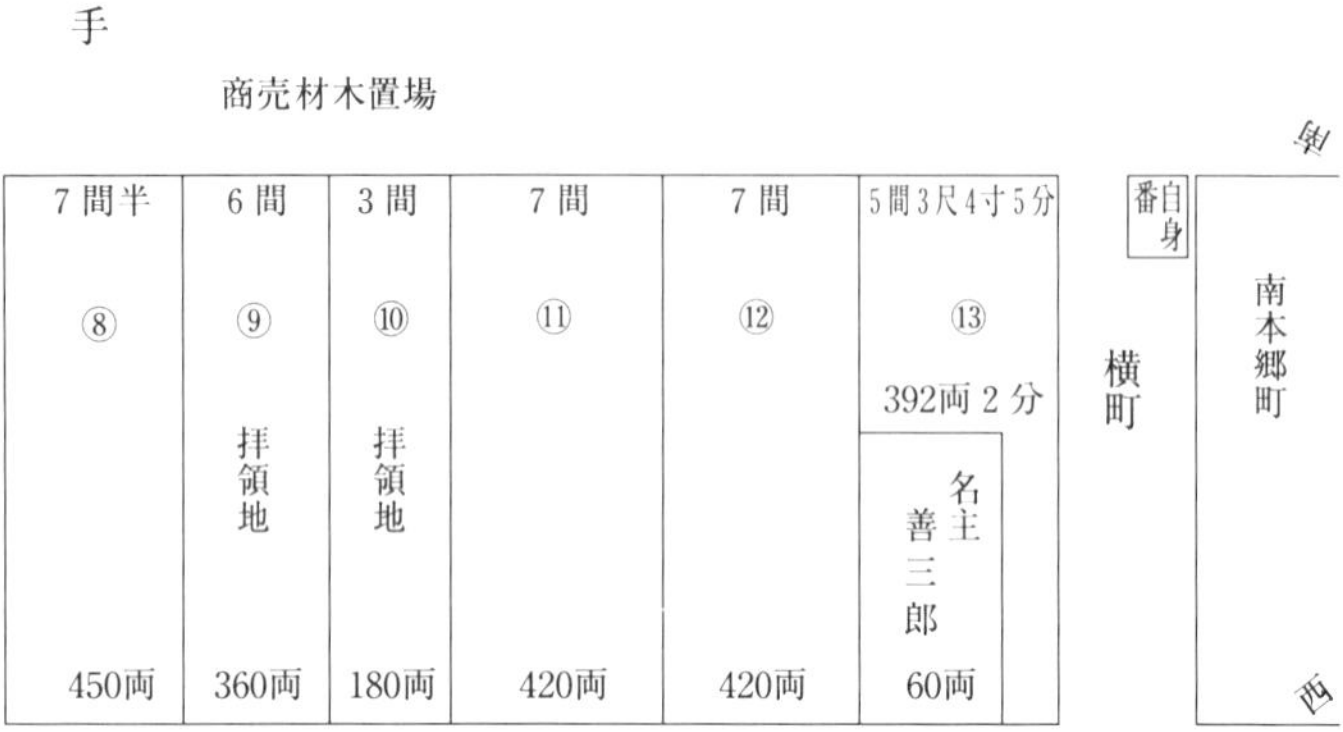

京間65間5尺7寸7分、総坪数1976坪6合3勺

六七五）一二九両、享保五年（一七二〇）一二五両と売買され、延享二年（一七四五）に彦四郎が購入した。

彦四郎は三〇年以上上柳原町の地主であったが、そのほとんどの期間、所有地は家質に入っていた。もとも購入の翌月、それぞれ五〇両の家質に入れ、売却するまでずっと家質に入っていた（表8参照）。

①については宝暦二年（一七五二）十軒町才賀屋（雑賀とも）伊兵衛から八七両借入、明和元年（一七六四）南小田原町一丁目富田屋権兵衛から八〇両、明和六年（一七六九）もとより一〇〇両と途切れることなく借り換えている。②については延享五年（一七四八）十軒町地主小嶋屋太郎兵衛から七二両借入、宝暦五年（一七五五）返却しているが、宝暦八年（一七五八）正木町の吉川安兵衛から五〇両、宝暦一二年（一七六二）木挽町利倉屋善兵衛から七〇両、明和二年（一七六五）南伝馬町伊勢屋久五郎から八五両、明和七年（一七七〇）もとから一〇〇両と借り換えている。

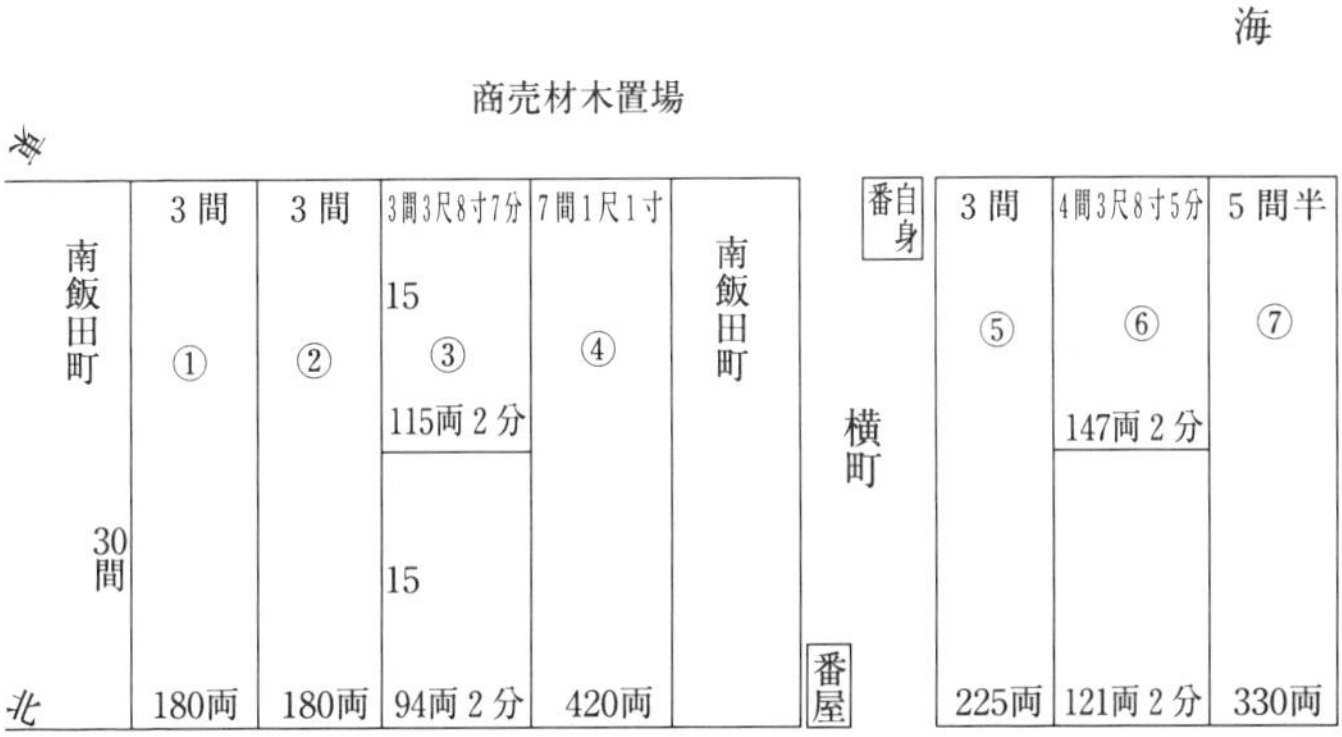

図11　上柳原町延享沽券図　総間数

もとへの年利は八両、八%になる。沽券高の七〇%から一〇〇%の金額を、借入金を増やす形で借り換えができ、沽券高を上回る売却ができている。

彦四郎は鳥居とも鳥居屋とも名乗っている。彦四郎が宝暦二年(一七五二)家質を入れて八七両借入した十軒町才賀屋伊兵衛は延享四年(一六七六)深川材木問屋一一人のうちの一人である。これは材木問屋と川辺問屋が商売の範囲をめぐって協定した議定書に連署されているものだが、一方の川辺竹木炭薪問屋のなかに、板挽木問屋十軒町家主彦右衛門の名もある。彦右衛門は才賀屋の屋号を持ち、一八世紀半には十軒町に三筆の町屋敷をもっており、そのうちの一筆は彦四郎に譲られている。また、「鳥居」の文字の入った印を使用している。彦四郎と同一人物である彦市こと彦四郎は、十軒町の地面を父彦右衛門から譲り受けたと記している。こうしたことから、上柳原町の鳥居屋彦四郎は十軒町の彦右衛門の子で、父とは独立して営業していたといえる。また、才賀屋は鳥居一族の屋号である可能性がある。才賀屋伊兵衛は一七五〇年代、上柳原町一、十軒町五、南飯田町四、明石町一、計一一件、九一五両の家質を貸し付けている。材木商売の利益を近隣や同族の営業資金として貸し出していることがわかる。資産を土地購入にはまわしていないようである。

彦四郎が②の地面を担保に、寛延元年（一七四八）七二両借用した金主は十軒町小嶋屋太郎兵衛であった。小嶋屋は榑木《くれき》商売を営んでいた。このときは五口の金主であったが、寛延三年（一七五〇）、十軒町金助から一四四両の借金をする立場になり、まもなく所有地も手放すことになる。この金助も榑木商売であった。他に家質の金主を見てみると、上柳原町冬木屋茂兵衛一一口、南小田原町二丁目伊勢屋嘉兵衛一一口が目立つところである。上柳原町白子屋伝左衛門、南小田原町冨田屋権兵衛などの名前も見られる。一八世紀半ばにおいては、家質一口あたりの金額も少なく、金主は専業化した金融業者ではなく、同業者どうし、また同族の間での資金融通が一般的であったように見える。

鳥居彦四郎がもとに払った利子は年利八％であり、もとが借り入れた家質の利子は六・五％であった。こうした利子の低さも営業のための資金調達として有効にはたらいたのであろう。一方地価が上昇傾向にあり、金主の側も確実な資産運用と認識されたのではないだろうか。

伊勢屋市左衛門

この事例は市左衛門個人というより、上柳原町の西南の端より二軒目⑫の町屋敷の地主の変遷である。間口京間七間、奥行三〇間の町屋敷は明暦四年（一六五八）休和が三〇両で購入し、元禄四年（一六九一）浪人国枝惣太夫へ五八〇両で売却されている。寛延三年（一七五〇）京橋白魚屋敷安右衛門の購入金額は三〇〇両であった。宝暦五年（一七五五）南茅場町豊島屋辰之助二六〇両、宝暦九年（一七五九）明石町熊野屋伊右衛門三七〇両、明和二年（一七六五）十軒町伊勢屋市左衛門四〇〇両と頻繁に売買され、一度下落した地価も順調に値上がりしている。この間辰之助は霊巌島銀町の弥右衛門から家質一六〇両を借り、宝暦九年（一七五九）六月に通四丁目伊勢屋九兵衛二〇〇両に借り替え、その八月に伊右衛門に売却している。伊右衛門は、兄がその子たちにのこした二五〇両と自分の金とをあわせて購入したという。そしてまもなく転売し、三〇両の利益を得ている。

新しい地主市左衛門は、明和二年（一七六五）この町屋敷を購入するとすぐに熊野屋たみと熊野屋金蔵から七五両ずつ一五〇両借り入れているが、このたみと金蔵は伊右衛門が土地の購入代金の一部とした甥・姪であった。伊右衛門は町屋敷売却にあたって資金を提供したことになる。

市左衛門は明和五年にこの金を返却したあと、まもなく三河屋佐平治から二〇〇両借入、六年後の安永三年（一七七四）南小田原町伊勢屋嘉兵衛二五〇両に借り替えている。市左衛門は天明五年（一七八五）

二七〇両で名主水田善三郎に売却するまで、途切れることなくこの町屋敷を担保に借金している。

新たに町屋敷を購入した善三郎はこの地面を担保として嘉兵衛から二五〇両借り入れている。善三郎は市左衛門の債務を引き継ぎ、沽券面四〇〇両の町屋敷を二七〇両で手にしたことになる。売買や家質の保証をする名主のこのような行為をどのように見たらよいのか。市左衛門は地廻米穀問屋・脇店八カ所組米屋で、幕末まで営業をつづけている。十軒町の地主になったのは明和四年（一七六七）である。寛政元年（一七八九）一旦売却、文政八年（一八二五）再度購入したものの文政一〇年（一八二七）売却、以後居付地主ではなくなった。商売の波風の強さが感じられる。

寛政三年（一七九一）この善三郎が病死し、二六歳の十蔵が善三郎を継ぐ。寛政五年（一七九三）七月、金主嘉兵衛の妻みなにこの地面を三〇〇両で売却、表面的に見れば水田善三郎は三〇両の利を得たことになるが、この間の利子は年利五％で金一二両二分、八年分は一〇〇両になる。同時に名主玄関のあった⑬草創地、すでに享保期に売却して一八坪にすぎなかったが、これも同じ寛政五年（一七九三）七月に三〇〇両で嘉兵衛妻みなが購入している。先の善三郎にかなりの借金があったのだろうか。この時点で名主善三郎は家持ではなくなったが、一〇月には善三郎の名で継書がされている。一方、⑫はみなの死後夫嘉兵衛が継ぎ、文化七年（一八一〇）裏側半分を一五〇両で善三郎が購入し、文政五年（一八二二）には売却している。みなの夫伊勢屋嘉兵衛は金主としてしばしば名前が出てくる。嘉兵衛が名主水田家の家政を支えたのであろうか。

神戸屋藤兵衛

神戸屋という屋号もよく目に触れる屋号である。藤兵衛は上柳原町中通り西南側の角地三間⑤の裏側半分を所有し、質・酒・茶・紙類商売をしていた。藤兵衛は伊勢国内本郷村の出身、独身で子どももいなかったので、甥が継ぐことになった。相続に当たって、従来通り、本店である船松町二丁目の神戸屋治助の指図に従うことを約束している。同時に藤兵衛と同居してたばこ商売をしていた藤兵衛の弟は独立することになった。先に記した才賀屋一族のように、ここにも一族のものが協同して営業活動をしていた様子がうかがえる。

南飯田町広島屋

広島屋作左衛門はかなり古くからこの地で営業していたのではないかと思われる。廻船問屋一番組に属した。安永四年（一七七五）南飯田町東北の角から八軒目、間口六間半、奥行三〇間の所有地を売却しているが、購入者平四郎は平右衛門と改め、その倅が作左衛門改め平四郎を名乗っているので、広島屋平右衛門として幕末まで継承されたとみられる。

広島屋はもう一カ所、上柳原町内の飛地間口四間一尺九寸、奥行三〇間を所有していた。この町屋敷は享保二年（一七一七）五七〇両で対馬屋喜右衛門に売却したが、それでも財政が好転しなかったのか、寛延元年（一七四八）六間半口の町屋敷を家質に入れた。以来この町屋敷は安永四年（一七七五）売渡されるまでずっと家質に入っていた。二八年間に五回の書替えをし、金額も二〇〇両、二五〇両、三〇〇両と変わり、三〇〇両で売却された。この町屋敷は売却されたときまで沽券金が記録されていない。

南本郷町万屋作兵衛

南本郷町では、宝暦元年（一七五一）、南伝馬町二丁目の米仲買万屋作兵衛が、それぞれ別の地主から二五間四尺、五筆（裏地面の一部を除く）を購入した。南本郷町は総間数二九間、当時は六筆であったから、町内の九〇%近くが一地主のものとなったのである。万屋作兵衛は、延享元年（一七四四）米価引き上げのため米の買上が命じられたとき、二〇〇〇石の割り当てを受けるなど、田沼支配のもと期待されていた商人の一人であった。天明の打ちこわしのとき、打ちこわし勢の標的にされたことでも有名である。購入額は一〇二〇両であった。購入した町屋敷の家質の金主であった記録もない。米商人のもう一つの顔であろうか。これらの地面は明和二年（一七六五）、浪人竹内伝十郎の伯母よしに売却されている。売却高は八五〇両と購入金額をかなり下回っている。万屋作兵衛の行為を武家方への屋敷あっせんとみるのは穿ちすぎであろうか。

十軒町桔梗屋小三郎

十軒町は奥行一〇間の細長い町で、その東北の端の町屋敷は二間半口、その南隣りが六間口、その南隣は一六間口である。この三筆の地面は一八世紀半ば紙・下り傘問屋の桔梗屋小三郎（宝暦九年小兵衛と改める）の所有となった。まず元文三年（一七三八）一六間口の地面を三二〇両で購入し、ついで延享二年（一七四五）二間半口を八〇両で購入、そして明和五年（一七六八）、六間口の町屋敷を持参財産として本湊町の喜左衛門が養子に入り、小兵衛と改めた。桔梗屋小三郎家では営業資金としてであろうか、一六間口の町屋敷を次々と家質に入れている。すなわち、寛延元年（一七四八）一六間のうち五間を担保に上平右衛門町治兵衛から一〇〇両、翌年にはそれぞれ三間分を担保に、芝金杉の秩父屋新六から四八両、十軒町の小嶋屋太郎兵衛から五七両、同じく十軒町才賀屋伊兵衛から一一〇両を借り入れている。こうした借入金と関係あるのかどうか、宝暦九年（一七五九）倅小三郎を不行跡を理由に久離し、父小兵衛名前とした。その結果がよかったのか、宝暦一〇年（一七六〇）から明和三年（一七六六）までの間に家質も返還し、土地付の養子を迎えて二四間半間口の地主となった。文化三年（一八〇六）には三〇〇両の御用金を拠出している。その後の桔梗屋は後継者の久離、当主が若死にして後家名前の営業、さらにその養子の不縁など後継者に恵まれなかったが、二間半口、六間口は天保八年（一八三七）、一六間口は弘化三年（一八四六）までもちつづけた。前後して退転したのだろう、『諸問屋名前帳』には見当たらない。

以上幾人かの地主を取上げて、この地域の町屋敷の利用状況をみてきた。この時期には、「十組株帳」や「諸問屋名前帳」のような網羅的な史料がないので確定できないが、この地域は、十組に加盟し、直接遠隔地間の取引をする問屋は少なく、問屋の下で建築資材や炭薪などを仲買的に売捌く商人が居付の地主として町の上層を形成していた町々であったといえよう。地主たちは、商業上のネットワークや血縁の紐帯などで親密な関係を結んでいた。一八世紀半ば以降、町屋敷は流動的であったが、投機的なものではなく、地主である商人の営業上の浮沈を反映していた。町屋敷を担保とする家質の取り組みも活発で、長期にわたる例も少なくない。地借りは少なく、店借りは港に停泊する廻船相手に商売をしたり、河岸付の町ならではの荷役労働に従事していたのであろう。

三　一九世紀の地主

天保期の地主と営業

「屋敷録」から天保一三年（一八四二）の地主を拾ってみる。上柳原町では拝領地を除いて一七筆に地主が一一名、居付は播磨屋九兵衛と名主の水田善三郎のみである。しかも六筆は武家方支配のものの所有である。明石町地借りの材木問屋伊勢屋惣七（深川大和町家持）が三筆を所有するが、芝田町の仙波太郎兵衛、霊巌島銀町鹿島利右衛門の弟利久平といった著名な地主、金融業者の名前が見られる。居付の多かった十軒町でも一七筆に対し地主は一二名、居付は四名にすぎない。天保一二年（一八四一）、大伝馬町木綿問屋川喜田久太夫が購入している。南茅場町石橋弥兵衛、亀島町大坂屋茂兵衛なども一時期地主となっている。南飯田町は一一筆、地主六人、居付は広島屋平右衛門一人、南本郷町は五筆、地主五人、すべて他町で、その中には房州百姓娘の名前がある。明石町は三筆、居付善兵衛が所有した。女性名も目につく。

嘉永四年（一八五一）問屋仲間再興後作成された「諸問屋名前帳」からこの五町分を拾ってみると、目立つのは米と炭薪である。地廻米穀問屋が四軒、うち二軒が家持である。脇店八カ所米屋が四軒、すべて地廻米穀問屋の兼業である。この四軒は舂米屋の株も所有している。舂米屋はこの四軒を含めて一四軒、大半が店借りである。竹木炭薪問屋七軒、炭薪仲買一一軒、すべて店借りである。藍玉問屋が五株あるが、いずれも播磨屋九兵衛のものである。播磨屋九兵衛は上柳原町家持の地位を保ちつづけている。それ以外では番組人宿が三軒、廻船問屋二軒、紺屋・苫問屋・版木屋・石問屋各一軒で株数は五四である。廻船問屋二軒は家持である。竹木炭薪の営業が中心という傾向は変わらないが、地主がその地で営業をするという形はすっかり失われている。地代店賃収入を見込んだ町屋敷所有が進んだといえよう。

十軒町の北に接する舟松町一、二丁目は記載軒数あわせて五三軒と軒数は多いが、業種の傾向は変わらない。五カ町の西に接する南小田原町一〜四丁目も同様である。多額の資産を有する問屋はみられないようである。

御用金などの拠出の面から営業規模を探ってみよう。文化三年（一八〇六）の御用金拠出者には上柳原町播磨屋九兵衛（藍玉問屋）五〇〇両、南飯田町古座屋清兵衛など五人（うち四人は他町）で七〇〇両、十軒町桔梗屋小兵衛（紙問屋）五〇〇両である。文化一〇年（一八一三）には播磨屋と古座屋の二名のみである。

嘉永七年（一八五四）の御用金拠出者は、上柳原町播磨屋九兵衛三〇〇両、鈴木屋吉兵衛五〇両、南本郷町泉屋久兵衛五〇両、十軒町近江屋喜右衛門一〇〇両、伊勢屋惣七五〇両、明石町奈良屋善兵衛一〇〇両である。「屋敷録」によれば、神田平永町の鈴木吉兵衛は上柳原町⑫を弘化四年に二五〇両で購入している。伊勢屋惣七は材木問屋、天保七年（一八三六）から嘉永元年（一八四八）まで上柳原町の地主であった。奈良屋善兵衛は文政から天保にかけて明石町の三地面とも所有したが、文久元年その三分の二を手放している。

橋爪為仲の町屋敷集積

上柳原町で特徴的なのは、滝山町町医橋爪仲雄が四地面と、その続き地面で南飯田町に属する飛び地とも購入するにいたったことである。

上柳原町では一八世紀後半から町屋敷の集中が進んでいた。上柳原町の東北の端から三筆①②③、あわせて間口京間九間三尺八寸七分、奥行三〇間は、天明六年（一七八六）以来通四丁目市右衛門店又三郎が所有していた。まもなくこの町屋敷は茶屋四郎次郎末子中島模三郎が購入し、ついで寛政八年（一七九六）滝山町町医橋爪仲雄が三〇〇両で購入した。この地面は文化四年（一八〇七）仲雄妹のぶに、天保六年（一八三五）仲雄倅為仲娘きょう七歳に譲渡され、天保七年（一八三六）伊勢屋惣七に七〇〇両で売却している。そして文化一三年（一八一六）、橋爪仲雄の倅為仲の妹いく名義で、その南側隣地面④七間一尺一寸を四五〇両で購入、さらにその南側、南飯田町に属する四間一尺九寸を同じくいく名義で三〇〇両で購入した。上柳原町横通りから北の全部の地主となったのである。上柳原町④七間一尺一寸の町屋敷は、享保末以来冬木茂兵衛の所有するところで、すでに寛政一〇年（一七九八）橋爪仲雄の家質に入っていた。

橋爪仲雄の住居のあった滝山町（現在銀座）の「水帳」でみると、安永九年（一七八〇）に滝山町住居の仲雄が間口三間の町屋敷を二二〇両で、そのつづき六間の町屋敷を四五〇両で購入している。この時点で橋爪仲雄は滝山町の地主となった。この二筆の町屋敷は文化三年（一八〇六）実子為仲に譲られ、さらに天保四年（一八三三）為仲実娘あいに譲られている。そして天保五年（一八三四）右の続き地面四間口四五〇両をあい名前で、天保九年（一八三八）六間二尺ほどの町屋敷を六〇〇両で為仲娘きょう名前で購入している。滝山町惣間数八五間（八一か）のうち二〇間近くを所有していた。滝山町に近い南鍋町二丁目でも文政元年（一八一八）為仲は四〇〇両の土地を購入しているが、これは文政一二年（一八一五）に三九〇両で売却している。第二章でとり上げた吉田市右衛門が文化二年（一八〇五）に一七〇〇両で購入した室町二丁目の町屋敷は橋爪為仲伯母のぶのものであった。上柳原町で九間四尺ばかりの町屋敷を三〇〇両で購入し、年数を経ているとはいえ七〇〇両で売却するなど、ブローカー的側面も有していたように思われる。後に為仲が処罰され、所有地が競売にかけられたとき、干鰯問屋喜多村寿富は畳町（京橋）、新両替町（銀座）、豊島町・通新石町（神田）、芝浜松町五カ所の町屋敷を落札しているので、為仲の所有地は広い地域にわたっていたことがわかる。

為仲追放

橋爪為仲は天保四年（一八三三）、分部若狭守の家来になったことを理由にいくなどの後見を退き、為仲名前の町屋敷を娘名義にあらためている。そして天保一三年（一八四三）、不届きな行為があったとして中追放（江戸追放ともある）の処罰を受け、地所取り上げ、一五年（一八四五）四月、南町奉行所掛りで四八カ所の地面が入札にかけられた（『藤岡屋日記』第二巻）。上柳原町関係では、寛政八年（一七九六）に購入した三筆①・②・③九間三尺八寸七分を明石町の材木問屋伊勢屋惣七に七〇〇両で売却したあとなので、南飯田町分とも二筆だけであったが、「土地台帳」上は為仲妹いく名前にもかかわらず、為仲所有として取り上げられ、入札となった。滝山町でも娘のあい、きょうの名義であったがこれも取り上げとなった。『藤岡屋日記』はこの事件について、「江戸大分限者にて江戸にて三勘平という大金持なり、奢侈に増長せしゆえ欠所とも、御免なき名字を名乗ったためとも種々の説あり」と記している。公的な記録に分部若狭守家来橋爪完平とあるので、仕官したとき完平（寛平）と改めたのであろうか。

払い下げ地の一部を落札した関宿の干鰯問屋喜多村寿富は、橋爪が年来の宿望を達し、九六カ所の地所を所持し、女名前や別名前の分を除き、四八カ所が入札にかけられたと記していることを岩淵令治氏は紹介している（岩淵、一九九六）。しかし、為仲の場合、妹や娘名儀で、しかも後見人の地位も退いている。にもかかわらず処罰されたのは、のちに述べるように、天保一二年（一八四一）末以来、「内実武家所持」の町屋敷に対する規制が強まったからである。

では為仲の所有地は、すべて没収されたのか。幕府の屋敷改によって編さんされた武家屋敷台帳である『諸向地面取調書』にそれを解く鍵があった。為仲が仕官した分部若狭守は近江国大溝藩藩主である。城地は現在の滋賀県高島郡高島町、文政年間、蝦夷地調査で活躍した近藤重蔵が息子の刃傷沙汰によって預けられ、その地で終焉したところである。この若狭守のところに「町並屋敷　高輪北町　四五五坪、分部若狭守家来橋爪寛平所持」とある。これは安政三年（一八五六）度のものとされているので、江戸追放、欠所処分にもかかわらず家来の身分を回復していることになる。さらにつづけて、分部若狭守家来緒方柔三郎の名で三筆、分部若狭守家来緒方柔三郎厄介なかの名で、三河町三丁目に一〇二・五坪、三河町四丁目に一六二・七坪、芝三島町に七七・七坪の町屋敷を所有していることが記載されている。幸い、三河町三・四丁目の名主齋藤市左衛門のところには「水帳」があるのでみてみると、この地面は寛政九年（一七九七）に滝山町家持橋爪仲雄が五五〇両で購入し、文化四年（一八〇七）為仲に譲り、天保四年（為仲が分部の家来になった年）為仲娘なかに譲られている。そして天保一三年（一八四二）五月、名義を分部若狭守家来橋爪完平厄介人なかに変更したいと屋敷改に出願、七月許可、この地面は屋敷改の管轄になった。完平が町奉行所の摘発を受けたのは九月である。この年一二月、なかは、伯父分部若狭守家来藤田良八厄介人となり、良八を後見人にしたいとあらためて出願、翌年二月に「水帳」の文面を訂正した。その後良八病身のため後見人を分部若狭守家来緒方柔三郎に改め、『諸向地面取調書』記載のとおりになった。さらに驚いたことに、緒方柔三郎は、安政三年（一八五六）一〇月に橋爪柔三郎が改姓して緒方になったものだということが、竹川町の記録にある。橋爪柔三郎は、竹川町で、完平と同じ天保一三年（一八四二）五月直名前願を提出、翌年四月に弘めをしたという。柔三郎は完平の息子ででもあろうか。

三河町三、四丁目のなか所有地面が取上げられなかったのは、大名家臣の所有地として屋敷改へ届けられていたため、町奉行所は武家地として手をつけなかったのであろう。こういう扱いの地面が他にもあったかどうか、橋爪一家の所有地は四八カ所だけではなかったことは明らかである。

大名家の町屋敷所有

表11は天保六年（一八三五）以降の上柳原町の地主の変遷を一覧にしたものである（一一〇—一一一頁図11参照）。①〜④はかつて橋爪為仲から伊勢屋惣七に売却された町屋敷であった。⑨・⑩はもともと拝屋敷、⑪は藍玉問屋播磨屋九兵得所持、⑬はその一角に名主住居のある角地であり、表では省略した。拝領地を含めて、最高では一三筆中一一筆、間口六六間弱のうち五三間半が武家方の所有であった。八一％が町人の手を離れているのである。もちろん地主にすぎないから町の様相が武家風というわけではない。

天保一〇年（一八三九）以降登場する武田郡兵衛は三筆、沽券金高は五五〇両＋α、岡見伝太夫は五筆、沽券金高は一七一五両になる。いずれも維新まで持ちつづけている。武田郡兵衛も岡見伝太夫も奥平大膳太夫の家来である。奥平家は享保年間より豊前中津城城主、禄高一〇万石、帝鑑間詰、上屋敷は木挽町、中屋敷が鉄炮洲にあった。天保改革後に購入したものは当初から武田郡兵衛、岡見伝太夫の名前であるが、天保六年（一八三五）には、新両替町四丁目五兵衛地借半兵衛伯母みゐ、同じく半兵衛姉しんの名前で購

⑥138坪	⑦165坪	⑧225坪	⑫210坪
〔1784〕美濃屋久兵衛	〔1835〕350両購入 新両替町4丁目地借半兵衛姉しん	〔1835〕450両購入 新両替町4丁目地借半兵衛伯母みゑ	〔1832〕260両購入 深川八名川町店借大和屋平十郎娘かく
〔1839〕300両購入 芝田町8丁目家持町方御用達仙波太郎兵衛	〔1839〕武田郡兵衛名代岡見彦三直名前	〔1839〕岡見長五郎改伝太夫名代岡見彦三直名前	〔1842〕村垣左太夫家来渡辺良助直名前
〔1844〕200両購入 奥平九八郎家来武田郡兵衛			〔1847〕250両購入 神田平永町店借鈴木屋吉兵衛
〔1860〕奥平大膳太夫家来郡兵衛養子武田粂次郎譲受	〔1860〕奥平大膳太夫家来武田郡兵衛養子武田粂次郎譲受		
〔1868〕増上寺地方調役城戸伝之丞厄介武田粂五郎	〔1868〕増上寺地方調役城戸伝之丞厄介武田粂五郎	〔1869〕近親松平大和守内保岡正太郎厄介岡見伝太夫	〔1869〕武州久良岐郡太田中村へ転居

入、天保一〇年（一八三九）武田郡兵衛、岡見伝太夫の名前に改められた。村垣左太夫家来渡辺良助の場合も、天保三年（一八三二）に深川八名川町吉兵衛店大和屋平十郎娘かくの名前で購入し、天保一三年（一八四二）直名前に改めている。

以上は町の土地台帳「屋敷録」の記載である。安政三年（一八五六）といわれる武家屋敷の調査書『諸向地面取調書』によれば奥平大膳太夫は拝領屋敷、抱屋敷のほかに一〇カ所、三八二四坪の町並屋敷と、一七カ所、二八九二坪の町屋敷、ほかに二三六坪の河岸地を所有している。所在地は市中全域にわたっている。武家による町並屋敷、町屋敷の所有は増える傾向にあるが、これだけまとまって町人地を集積した例はそう多くはない。うち、六筆が武田右門、一筆が武田郡兵衛、一四筆が岡見伝太夫、五筆が岡見彦三の「所持」となっている。上柳原町についていえば、武田郡兵衛が三筆（図11、表11の⑤・⑥・⑦）、岡見伝太夫が一筆（⑧）である。近隣でい

表 11　上柳原町の地主の変遷　坪以下四捨五入

①90坪　②90坪	③108坪	④216坪	⑤裏地のみ45坪
〔1836〕450両購入明石町地借伊勢屋惣七	〔1836〕250両購入明石町地借伊勢屋惣七	（橋瓜為仲妹いく）	〔1835〕新両替町４丁目地借半兵衛伯母みゑ
		〔1844〕取上・入札252両	〔1839〕奥平九八郎家来武田郡兵衛名代岡見彦三直名前
〔1848〕450両購入小普請徳永伊豫頭組吉村良蔵	〔1848〕250両購入小普請徳永伊豫頭組吉村良蔵	〔1845〕米沢町店借購入320両	
〔1850〕良蔵妹上柳原町かね譲受	〔1850〕良蔵妹上柳原町かね譲受	〔不明〕550両購入新両替町１丁目地借網屋惣兵衛	
〔1857〕430両購入奥平家家中岡見伝太夫	〔1857〕270両購入奥平大膳太夫家来岡見伝太夫	〔1857〕565両購入奥平家家中岡見伝太夫	〔1860〕郡兵衛養子武田粂次郎譲受
〔1869〕近親松平大和守内保岡正太郎厄介岡見伝太夫	〔1869〕近親松平大和守内保岡正太郎厄介岡見伝太夫	〔1869〕近親松平大和守内保岡正太郎厄介岡見伝太夫	〔1868〕増上寺地方調役城戸伝之丞厄介武田粂五郎

うと、南小田原町の三筆がある。このようにみてくると、武田郡兵衛や岡見伝太夫の町屋敷購入は、奥平家家臣である武田郡兵衛や岡見伝太夫個人の資産運用というより、大名奥平家の意志がはたらいているように思われる。そして先にみた分部若狭守家臣厄介人のなかの例なども、なかの名儀を借りたもので、実態は若狭守の所有であったのではないだろうか。

他町でも、南飯田町では、天明五年（一七八五）、九間半、四間半、二間半、四間半の続き地面、あわせて一八間、奥行三〇間の町屋敷を六七五両で本湊町店借清左衛門が購入した。しかし実際の購入者は伊達若狭守であった。その後所有者は何度か代わるが、天保三年（一八三二）には沽券状も一つになり、沽券高も一七〇〇両となった。南飯田町の総間数は六三間四尺八寸である。船松町一町目は二丁目の東につづく町だが、名主は八町掘の名主岡崎庄三郎であった。庄三郎が天保一三年（一八四二）に提出した調書によると、船松町一町目には、本石町一町目忠兵衛地借地主唯七名義の細川能登守所有地が三筆、一七三三坪あり、沽券金二五五〇両であった。ここにはあわせて三〇〇坪近い武家構えの家作が建てられていた。細川家の場合、最初の購入は享保以前で、いわゆる「町宿」がつづいていたのであろう。

宮崎勝美氏は『諸向地面取調書』を種別に集計されたが、それによると武家方所有の町屋敷、町並屋敷は合わせて二六万二二四三坪、拝領屋敷地との対比では二・五%である。明治二年の調査による町地は二六九万六〇〇〇坪で、その約一〇%に当る。これはごく大ざっぱな数値であるが、武家による町地の所有がかなり進行していたといえるだろう。

こうした大名をはじめとする武家方の町屋敷購入の目的は何か。転売していないことからみると、やはり地代店賃収入であろう。奥平大膳太夫の場合、町屋敷一七カ所のうち六カ所が上柳原町と南小田原町である。屋敷の近くであったためか、この時期確実な収益を上げられる土地柄とみたのであろうか。近年、大名の近隣を含めてその出入関係に関心がもたれている。土地をめぐっても、町人による資金の融通、土地の管理などさまざまな関係が生まれていたであろう。

町地所有の規制

明治維新直後の調査をもとに、おおまかにいって江戸市中の七〇%が武家地で、一五%が寺社地、のこり一五％が町地といわれてきた。最近、石川英輔氏の丹念な作業によって、武家地四九・八％、寺社地六・六％、町家一四・九％、農地二四・六％、河川四・一％と、町地の割合は変わらないものの、農地の存在が指摘されている。そして武士は武家地に、寺社は寺社地に、町人は町地に住み分けていたといえば一見明解だが、諸身分一体となっての日常生活であるから、土地とても例外ではない。下級御家人には拝領地を町人に貸して俸給の一助にすることが認められ（拝領町屋敷）、一八世紀に入ると町地と同じに公役銀が課せられた。町会所は拝領町屋敷の地代店賃を担保に貸付を行った。町屋敷を購入し、門構えをし、長屋を建て家臣を住まわせる大名もいる。町屋敷を持参財産として武家方へ嫁ぐ町人の娘もいた。江戸の繁栄にともなって町が百姓地に進出し、代官と町奉行両支配の町並地という範疇も生まれた。こうした現実が進行する一方で、武家の町屋敷所有は身分制社会とは相容れないものとの認識があった。

享保一一年（一七二六）身分違いのものへの土地の譲渡（売買を含む）、たとえば百姓地を町人へ、町地を百姓へといった譲渡はしてはならないとされた。特別の理由がある時は屋敷改へ相談し、その差図を受けることとなった。この法令は解釈しにくいところがあるが、武家方に出されたものでもあったので、「武家が町屋敷を所持してはならない」と受け取られた。この法令以降「武家方直名前の町屋敷所持はなかった」と当時の名主たちは答えている。しかし、実際には武家の町屋敷所有は進行していた。宝暦三年（一七五三）、武家方所有町屋敷の調査が名主に命じられた。町年寄の指示を見ると、武家方直名前の有無も調査対象の一つだが、調査の主眼は、表向き町人所有で、内々武家方所有の町屋敷であった。表向き町人名前で、武家所有が進行していたことがわかる。とくに女名前に注目している。それに対し、名主の側は、内々のことを不確かなまま、了解もえずに書上げるわけにはいかない、町人名前で届があれば町人同士の売買として処理する、女名前についても、町人であれば町人同士の売買として処理すると回答し、調査の主眼を拒否するかたちとなった。

宝暦七年（一七五七）にも再度調査が行われているが、あらためて規制するような文言はない。明和五年（一七六八）、町年寄は武家の町屋敷所有の可否について名主に諮問している。名主は、町人名前であれば町人所有として扱い、武家直名前の町屋敷も、めずらしいことではなく、今後も屋敷改の指図を受ければ構わないのではないかと、現状肯定の回答をしている。天明七年（一七八七）にも、武家方家来の町屋敷所有は屋敷改へ届け出た上でなされており、無届で所有することはないと明確に述べている。

武家方の町屋敷所有について法令上明確になるのは天保末年である。天保一二年（一八四一）一二月、町屋敷を内々譲り受け、他人名前で所持している場合はその土地を没収し、処罰の対象とすると申し渡した。町人名前での所有を禁止したもので、武家の町屋敷所有を追認したものである。「武備手当」のために町屋敷を所有することを奨励する文面もある。翌一三年四月、屋敷改中嶋彦右衛門より直接町々に対し、大名・旗本御家人・陪臣、寺社、百姓とも、町人名前・女名前で、届もなく、町屋敷・町並屋敷を所有しているものの調査を命じた。武家に対してはすでに前年の法令があったから、宝暦のときのような悠長なことは名主には許されなかったであろう。七番組では名主がそれぞれ作成し、水田を通じて新地奉行大岡靭負へ提出していることがわかる。橋爪為仲の一件もこうした中での摘発であった。武家の町屋敷所有を明文化するには、現実と理念との間を行きつ戻りつ長い年月が必要であった。

武家が町屋敷を所有することは屋敷改へ届け出ていれば認められていた。屋敷改には武家所有の町屋敷の台帳が存在する。処罰の対象でもないのに、なぜ町人名前での所有が盛んに行われたのか。基底には、法制化の過程に見られるように、武士が町人と同じような行為をすることは認められないという身分制の問題があるだろう。

天保一二年（一八四一）九月、深川熊井町名主熊井理左衛門が町奉行所に提出した「地所の儀につき内密調書」（「類集撰要」一、『重宝録』第一）はその理由にふれている。まず、町屋敷を武家に譲渡することは、寛延二年（一七四九）以来認められていたことだとしているが、この解釈には疑問が残る。当時の名主は「禁止」と理解し、天保一三年、屋敷改は百姓の町屋敷所有を否定する根拠としている（七五頁参照）。熊井の文面に戻れば町屋敷を武家が購入する場合、武家・町双方から屋敷改へ届け出る必要がある。町方ではまず町奉行所に、屋敷改に出頭するという届をした上で、屋敷改へ具体的に申請、屋敷改の検分を受けた上で願済みとなる。それ以外は町人同士の売買と同じで、買い手の武士名前を宛名とし、名主五人組が署名押印した沽券状が買い手に渡される。江戸では町屋敷の売買は該当する町内の手続きだけで済んだ。したがって町奉行所へ行き、屋敷改へ行くといった手続きが煩瑣だったことは確かである。しかしもっとも大きな要因は、武家方直名前の場合、「家守以外、町人をそこへ住まわせ、地代店賃をとることは認められなかった」という点であろう。これでは購入した意味がない。だが、町人の娘が自分名前の町屋敷を所有し、結婚などで武士身分になった場合、また町医者が武家に抱え入れられて武士身分になった場合は従来どおり貸地、貸店が認められたという。抜け道はつけられていたのである。その場合、先の橋爪為仲のところで見たように、屋敷改への届け出が必要であった。

その他、「内密調書」は、数カ所の土地を所有するものが、自分名前だけでなく、女名前や、幼年者の名前を使う理由として、いずれは倅や娘に譲るので、手続きを省く意味で幼いうちから譲ってしまう例があるという。また、「身上内証手厚いもの」「武家方で勝手宜しきもの」などは世間の聞えを憚って、わざと名前を変えているが、町としては町役を勤めていれば深い穿鑿はしていないとしている。さまざまな形をとりながら、町地の売買は身分を越えて活発に行われていた。

幕府役人の町屋敷集積

天保一二年（一八四一）七月、御側衆五島修理亮は御役御免、所持地のこらず取上げとなった。「町人名前で町地面を所持」し、「町人などに貸し付けていた」ことは、「勤め柄不届き」との理由であった。取上げられた地所は三八カ所（『藤岡屋日記』第二巻）、深川から高輪まで江戸全域に及んでいる。御側衆といえば二千石高の旗本の役である。極端な例ではあるが、五島が使った町人名前の一例をあげると、滝山町五人組持店肥前屋福右衛門養子本石町二丁目和助地借太右衛門同居同人弟太三郎とあり、しかもこの人物が二〇カ所の名義人である。これではどこの誰が地主なのかつかみ難い。女名前が一三カ所、金蔵養いたけ、店借権兵衛同居みわ、地借富蔵養女なみなどこれも匿名性が高い。自己の行為が外聞を憚る行為であると認識していたとしか思えない。没収された地面は町会所の管轄に置かれ、地代二割引、店賃三割引で貸し付けられることになった。町会所が収納した天保一二年一二月から一三年一一月まで一年間の地代店賃は、二九カ所、六七九両余、翌年の分は二六カ所、六八五両余であった。

同年九月、もう一件同じ類の処分があった。奥御祐筆組頭を勤めていた大沢弥三郎は、「紛らわしい名前で町地面を所持」し、「町人へ貸していた」ことを咎められ、地面一七カ所残らず取上げ、御役御免となった。この地面も町会所付となり、安く貸し付けられた。上り高として記されているのは、天保一二年九月から一三年一一月までの一五カ月分、九カ所四五一両、翌年分は三二七両余とかなり減少している。これらは減額した上での収入である。利まわりはわからないが、町入用など必要経費を支払ったとしてもかなりの収入を得ていたといえるのではないだろうか。

高い地位にある役人にとっても、町屋敷は魅力ある収入源であったことを示す事例である。

女地主

武家が町地を購入する場合、町人の女名前を利用していることを指摘してきた。「女名前三年」といって女性名義の土地所有を制限していた大坂などと違って、江戸では法令上女性の土地所有について制限はなかった。女名前の町屋敷が問題になるのは宝暦三年（一七五三）がはじめで、武家方所持町屋敷調査のときである。では女名前の町屋敷はどのくらいあったのだろうか。水田支配の五カ町については表12のとおりである。一〇年ごとに区切った期間に一年でも女名前があれば一件とし、同じ地面が女性から女性へ相続や売買がされた場合は一件とした。娘などが相続の後、即日売却した場合はカウントしていない。したがって、その一〇年間に女名前の地所がいくつあったかを示すもので、女名前数の集計が女地主数というわけではない。五〇年持ち続けているとすれば五〜六回カウントされることになる。割合は、一〇年ごとに女名前の地面数を、町の総地面数で割ったものである。総地面数は最大値をとっているので、実際の割合はもっと高い。女名前の地面数の割合は、一七六〇年（宝暦一〇）代から長期間にわたって四〇%前後である。一七三〇年（享保一五）代からの平均で三一%である。本章二節一八世紀の地主のところで述べたように、一八世紀半ばにはこれらの町々には居付地主が多く、土地所有と営業とが一体化していた。土

表12　水田支配5カ町女名前の町屋敷数

	上柳原町	南本郷町	南飯田町	十軒町	明石町	計	割合%
1731～1740	1					1	1.7
1741～1750	1	2				3	5.0
1751～1760	3	2	3	2	1	11	18.3
1761～1770	6	7	3	5	2	23	38.3
1771～1780	5	7	5	5	2	24	40.0
1781～1790	8	7	5	6	1	27	45.0
1791～1800	8	4	3	8		23	38.3
1801～1810	12	6	5	10		33	55.0
1811～1820	9	2	6	10		27	45.0
1821～1830	8	2	3	8		21	35.0
1831～1840	11	1	5	5		22	36.7
1841～1850	8	1	5	5		19	31.7
1851～1860	4	2	6	3		15	25.0
1861～1868	1	2	5	3		11	18.3
計	85	45	54	70	6	260	
地面数	19	9	12	17	3	60	
平均						18.6	31.0%

地の売買が活発になり、他町地主が増えていくとともに女名前の土地の増加がみられる。

上柳原町の一八〇一年（享和元）からの一〇年間は一二件、七〇%と高率である。これは橋爪仲雄妹のぶ（為仲叔母）が割合を引き上げている。南本郷町は一七六〇年代から八〇年代にかけて七件、八七・五%という高率である。これは万屋作兵衛が所持していた土地を、南本郷町浪人竹内伝十郎伯母よし、同娘しげが購入し、一部を除き、伝十郎娘みつ、孫よしへと相続したことによる。これは武田郡兵衛・岡見伝太夫が新両替町四丁目地借半兵衛の伯母や姉の名を借りたのとよく似ている。しかもこの地面は、嘉永三年（一八四九）、信州水内郡穴田村百姓辰蔵娘ことが購入し、後見はことの伯父芝新門前一町目代地の又四郎であったが、はり紙によれば、三五〇〇石旗本、麻布二本榎有馬秀之進家来津田保兵衛が買主だが取引を急いだので直名前

表13　天保13年女名前の町屋敷数

	地面数	女名前	割合%
室町2丁目	12	3	25.0
安針町	7	1	14.3
小綱町3丁目	35	7	20.0
南伝馬町1丁目	17	1	5.9
〃　2丁目	16	3	18.8
南鞘町	15	3	20.0
南塗師町	15	1	6.7
松川町1丁目	6	2	33.3
〃　2丁目	8	2	25.0
南伝馬町3丁目新道	3	1	33.3
南鍋町1丁目	12	0	0
滝山町	15	6	40.0
桜田備前町	18	3	16.7
青山久保町	66	11	16.7
元鮫河橋南町	35	8	22.9
〃　八軒町	25	8	32.0
関口台町	23	10	43.5

ではなく、このような名目にしたとある。このように鉄炮洲築地五カ町の場合は、武家がらみの町屋敷購入が女名前の比率を上げている。一八四〇年代以降女名前が減少傾向にあるのは、町人名義での武家の町屋敷所有が禁止されたことが影響しているであろう。

次章で検討する天保一三年（一八四二）の地代店賃調査のデータがある町での女名前の土地は表13のとおりである。日本橋通りに面した南伝馬町、特に一丁目は少ない。日本橋通りから東西に入ったところにある町は、南塗師町を除いて割合が高い。現在の銀座五、六丁目にあたる南鍋町と滝山町は隣り合った町なのに女名前の土地には差がある。滝山町は橋爪為仲の居住地である。鮫河橋、関口といったところでは女名前の比率が高い。しかし、市街地からは場末にあたる青山久保町の比率はさして高くない。こうした地代店賃引下げの調書が作成されたのは七月以降と考えられるので、町人（女性）名前での武家の町屋敷所有が書き改められた後のものとみることができる。それでもなお、女名前の町屋敷はかなり存在した。

水田支配の町々でも天保期以降比率が下がっていることをみれば、水田支配五カ町の事例がそう特殊なものではないといえよう。

女名前の実態

女性地主が相続によるものか、新規購入によるものかを上柳原町についてみたのが表14である。相続によるものが二三件に対し、女名前で購入しているのが三二件である。それぞれについて女性につけられている肩書もあわせて一覧にした。相続の場合、妹が八件と多いが、橋爪仲雄が妹のぶに譲ったのが四件、小普請組吉村良蔵が妹に譲った例が四件であり、これも武家方所持にかかわるものである。姪四件は橋爪為仲の妹から為仲の娘への譲渡である。相続の妻一は美濃屋久兵衛の生前か死後かはっきりしないので史料のままとした。後家の三例のうち二例は冬木屋茂兵衛のあとである。深川冬木町開発者冬木家一族のものと思われるがはっきりしない。後継者に恵まれず、三代にわたって養子を入れていた。その影響もあるのか死んだ茂兵衛の継母が出訴し、内済ののち後家つなが土地を相続した。数年後後家は

表14　上柳原町における女性地主の発生事由

肩がき	発生事由		内他町
	相続	購入	
後家	3	0	0
妻	1	10	10
娘	4	7	6
孫	1	0	0
姉	0	4	4
妹	8	3	3
伯母	2	7	7
姪	4	0	0
不明	0	1	1
計	23	32	31

(注)妻とある場合夫生前の場合か没後か不明なのでそのままとした。

再婚して新しい夫が茂兵衛を名乗るが、土地の名義はつなのままである。一般的にも後家が相続する例は多くない。

娘の相続が四例ある。天保一三年（一八四二）、熊井理左衛門が回答したように、資産のある家では、子どもが幼いうちから財産を分け与えていた。この場合、父の急死により二歳で相続したものなど幼い娘の例が多い。四件の場合いずれも土地だけの相続で、家督は譲られていない。他町の場合だが家督を娘に譲っている二、三の事例を紹介しておく。

霊巌島四日市町石苫問屋の利兵衛は川越弥左衛門（榎本家と思われる）の弟であった。利兵衛は享保二〇年（一七三五）病死、四歳のみよが「屋敷・商売物・家財残らず、家質金とも」相続をすることになった。そして将来弥左衛門家につながるものをみよの夫とし、家督相続をさせることとした。

滝山町の佐太郎家でも血筋をひく女子に家督を継がせている。佐太郎家は、一七七〇年代、一四カ所、沽券高七九六八両に上る土地、家質金一三五〇両を所持する資産家であった。家質金は親類や町内のもの、寺院からの預かり金を運用したものであった。金貸しの儲けで土地を集積したものであろう。しかし佐太郎は精神不安定で家産を管理することがむずかしく、また妻も迎えず、子がなかった。佐太郎父の遺言で、佐太郎弟猪五郎の子が相続することに決まっていたが男子がなく、寛政三年（一七九一）、娘のかう一一歳が跡式を継ぎ、土地・家質金・有金などすべてを相続した。その時点で、一四カ所の土地のうち一〇カ所が家質に入っている状況だった。文化五年（一八〇八）、資産が傾いた状況でようやく婿を迎えたが相続はせず後見人にとどまっていた。記録はそこまでであとは不明だが、分散してしまったのではないだろうか。この場合、かうが婿を迎えるまで一七年、長期にわたって女当主であった。

娘が家督を継いだ場合、しかるべき婿をみつけて夫とし、その夫に家督を譲るのがよくある例である。したがって、女性が家の主である時期は短いが、土地については長期にわたって所有している例は多い。

女名前での購入が三二件で相続の二三件を上回っている。とはいえ、この場合、女性が主体的に土地を購入したとは思えない。上柳原町①・②（図11参照）の地面は明和七年（一七七〇）、神田鍛冶町二丁目治右衛門娘もとが一二五両で購入したあと、天明四年（一七八四）南鍛冶町一町目治兵衛店平兵衛伯母妙寿が一六〇両で購入した。その続き地面③は河岸付と裏通りと二筆に分かれていて、守山町家主市兵衛の姉と妻の名義であった。安永一〇年（一七八一）堀江六軒町新道家主市之丞娘くらがあわせて一四〇両で購入、すぐに元数奇屋町四丁目金左衛門店市郎兵衛姉ふてへ譲り、天明五年（一七八五）妙寿が一二〇両で購入した。もうひとつ上柳原町⑧の地面も、一七八〇年代から九〇年代にかけて、南飯田町の白子屋紋太郎から三田三丁目治兵衛店与兵衛妻の妹ふて、金春屋敷惣七店徳左衛門姉なを、京橋金六町源蔵店久兵衛姉八重へと売買されている。さして資産があるようにみえないものが、姉や妹、伯母の名前で土地を購入するねらいはどこにあったのだろうか。幼い娘のための場合もあれば、外聞を憚ってのもの、責任を免れるためのもの、また法を潜り抜けるためのものなど、その理由はいろいろであろうが、土地台帳を見ただけではわからない。女名前での購入の背景には、資産を土地に投資し、地代店賃による収益を期待する経済活動をあげることはできるだろう。

上柳原町、一七八〇年代の土地売買件数一六件のうち八件、九〇年代一二件のうち五件が女名前による購入である。女名前によって地域とのかかわりはどんどん遠くなっていくようである。女名前による土地の購入は、居付地主の町から家主の町への変化を象徴するものである。

大店と女名前

もう一つ、これまで取り上げていない町々のものであるが、日本橋町人地の中心部に位置する本町・本石町の女名前の地面数を一覧にしたのが表15である。本町一・二丁目とも女名前の地面は少なく、特に本町一丁目はごく稀にあるだけである。本町一・二丁目には町年寄や金座後藤庄三郎などの拝領地があり、三谷三九郎、三井三郎助などが地所を持ちつづけているところである。商人も富山や槌屋といった由緒ある名前がみられる。こうした町では、家屋敷の名儀にしろ、女性が登場することは少なかった。

一つ北側の通りに面した本石町一〜四丁目では、平均して三〇%近い女名前があり、数値的には鉄炮洲築地の五カ町とあまり変わらない。この地域も本町ほどではないにしろ、著名な商人が町屋敷を所有し、

表15　本町本石町女名前の地面積

	本町				本石町					
	1丁目	2丁目	計	割合(%)	1丁目	2丁目	3丁目	4丁目	計	割合(%)
1781～1790	1	1	2	6.7	5	6	4	4	19	16.1
1791～1800	1	1	2	6.7	5	6	4	6	21	17.8
1801～1810	0	4	4	13.3	10	7	6	8	31	26.3
1811～1820	0	5	5	16.7	12	7	9	9	37	31.4
1821～1830	0	3	3	10.0	14	8	10	14	46	39.0
1831～1840	0	3	3	10.0	14	8	12	12	46	39.0
1841～1850	0	4	4	13.3	15	8	13	7	43	36.4
1851～1860	1	3	4	13.3	13	7	8	7	35	29.7
1861～1868	1	2	3	10.0	13	7	10	4	34	28.8
地面数	11	19	30	11.1	35	20	26	37	118	29.4

営業している町である。本石町二丁目の御菓子御用達金沢三右衛門家では、家つきの娘が営業拠点である町屋敷を譲り受け、結婚して夫が当主になってからも町屋敷の名儀人であり続けていた。本石町にはこのような事例がいくつかみられる。本石町三丁目の松沢（大坂屋）孫八、鎌倉町（豊島屋）十右衛門、京商人駒井七兵衛、近江商人森五郎兵衛など、長期にわたって女名前である。娘から娘、または孫女へと女性で継承している例もままみられる。

松沢孫八家では金沢家と同様、営業拠点においても女名前の時代が長い。松沢孫八は、色油・蠟・下り蠟燭・大伝馬町組薬種・水油・水油仲買・絵具染料など多くの株を所有していた。文政一二年（一八二九）何代目かの孫八が死去したとき、本石町に六筆の町屋敷を所有していた。うち二筆は孫八が母なをから譲られたもの、二筆は孫八名で購入したもの、二筆は実娘まつ名前で購入したものである。なお、幕末になり孫女ろく名で二筆を購入している。右の六筆は娘まつに譲られ、一時手代が後見を勤めているが、天保二年（一八三一）智養子善三郎改孫八が後見人になり、明治維新までまつ名儀であった。金沢三右衛門家について分析された横山百合子氏は、女性が町屋敷の名儀人たり得るのは、経営（表）と生活（奥）とが分離しつつも、なお女性の家業への関与をくみこんで経営が行われていることによるとされている。しかし、このような家の選択も、金沢家では当主が武士身分に上昇したことによって、町屋敷の名儀も当主の名に改めざるを得なかった（横山、二〇〇一）。

松沢家においては、「問屋株帳」でみる限り、色油、蠟、水油仲買の株は、天保二年（一八三一）聟養子善三郎改孫八を後見人として松沢まつの名前に改め、町年寄役所の承認を得ている。天保九年（一八三八）頃までのことと思われる。文政七年（一八二四）の「江戸買物独案内」の蠟問屋には本石町三丁目松沢まつと松沢孫八の二つの名前が記されている。本石町町々の女名前の実態は、鉄炮洲築地の町々とはかなり異なるものであった。経営との関わりは今後の課題である。

最後に女店主について一言述べておきたい。安永七年（一七七八）、町年寄は、「女に店を貸さないという決まりはあるか」と問い合わせた。これに対し名主はそのような触書の書面や、町の申し合わせはない、夫の死後、再婚したり養子を迎えたりするまで、また子どもが成長するまでの間、後家が店主になることがある、また母親が一人で別宅に住む場合、ごぜ・道心尼などが借りる場合などがある、しかし、なかには店五人組の役を勤めかねるとか、異変があったときに対処できないなどを理由に貸さない家守もいると回答している。この時点では、いずれにせよ、女が店主になるのはめずらしいことだといっている。家守の手引書として知られる「家守の杖」（文政年間）は、女一人のものには貸さないように、男名前であっても実際には女一人であるなら決して貸すものではないともっと強硬である。幕末の人別帳などに後家の記載はめずらしくない。女の一人暮らし、後家暮らしは経済的にも容易ではなかったが、社会的にも排除される傾向にあった。

第四章　天保期の土地問題

一　地代店賃引下げの経過

物価対策から救済政策へ

天保改革の政策の一つに地代店賃引下げがある。この政策の目的については、物価引下げのため、あるいは下層民救済のため、いやその双方をねらいとしたものなどの分析が加えられている。こうした議論が起きるのも政策決定過程の不明確さにある。地代店賃引下げが具体化するのは天保一三年（一八四二）に入ってからである。天保一三年三月、遠山左衛門尉・鳥居甲斐守両町奉行連名で、老中水野越前守に答申したと思われる文書がある。その趣旨は、物価引下げのためには商品の仕入原価の問題だけではなく、江戸商人が住居する地代店賃の上昇も無視できない、地代店賃を引き下げれば地主の収入が減少するが、地主は概して有徳であるから引下げてもよいだろうというものであった。ここで沽券金高そのものの一律引下げは「惑乱」を引き起こすので地代店賃引下げによって沽券金高の引下げに持ち込みたいとも述べている。沽券金高の上昇を問題視していた文面である。さらに四月はじめ、鳥居は物価引下げのために、江戸独自でも取り組むべきこととして、地代店賃、大工その他諸職人手間賃、鳶日雇人足賃を寛政度以前に戻すことを提起している。こうした検討を経て、四月一〇日に、諸職人手間賃人足賃金、地代店賃を寛政度の額に引き下げることを命じた触れが出されるが、ここには鳥居の伺いにない文言がある。それは沽券金高に収益率をかけて地代店賃を算出しているために地代店賃が高くなっているという文言である。これは資本を土地に投資し、地代店賃を収納して利益を上げようという経済活動を否定するともとれる論理である。地代店賃問題には社会救済的な論理がついて回っている。

地代店賃引下げを実行するには一片の触れだけでは実効性に乏しいと判断したのであろう。四月二八日、名主の主だったものが鳥居甲斐守番所に呼び出され、地代店賃引下げのための調査が命じられた。この調査は添えられた雛形によれば現状調査であった。一筆ごとに、天保一一年（一八四〇）の地主の住所名前、家主名、位置、広さ、購入年と沽券金といった基本的なデータに加え、表・裏の地代店賃、上り高、必要経費を差引いた地主手取り額、それぞれの一カ町の集計を書上げさせた。寺社門前地、拝領町屋敷などはとりあえず対象外とし、町屋敷・町並屋敷に限った。

前後して、町会所付地面の地代店賃が問題となった。前章で述べたように、天保一二年（一八四一）一一月、五島修理亮から没収した地面のうち三一ヵ所が町会所付となり、地代二〇％引、店賃三〇％引の特例で貸し付けられることになった。ついで摘発された大沢弥三郎が所有し、町会所付となった地面をどうするか。奉行所は、天保一三年五月、五島修理亮、大沢弥三郎のケースは特別な事情なので、恩恵のあるところを示すためにも、地代二〇％下げ、店賃三〇％下げで貸し付けたいと意見を求めた。武家の不祥事への追求を避けたいという思惑とも取れる。五島・大沢から没収した地面を地代二〇％、店賃三〇％引き下げて貸し付けることについてはほぼ了解が得られたが、問題はその他の町会所地面の貸し付けであった。町会所の事業は救済であるから、五島・大沢の地面と同様の割引率にしたらどうかという提案であった。これに対し、町会所掛りの方では、貸長屋の普請金、明地明店による収入減を考えれば、多分の持ち出しにならざるをえないだろうとしている。上り地として町会所付になった土地は概して場末の土地なので、二〇％三〇％の引下げでは損金がかさむばかりであるから、せめて地代一〇％、店賃二〇％の引下げにしたいとしている。勘定吟味役根本善左衛門は決しかねるとしながらも、町会所付地面の地代店賃は市中御救いの元金となるべきもの、また三橋懸け直しの手当金ともなるものであるから、下げればよいというものでもない、他役所付地面への影響も考慮しなければならないと疑問を投げかけている。この問題は、結局、天保一三年八月、町会所付地面、上り地ともすべて七月から、地代一〇％、店賃二〇％引き下げて徴収することが年番名主に申渡された。

鳥居は町々から提出された調査結果などから地代店賃の引下げが容易ではないことを認識したようである。町奉行所や町会所の史料についても、虫食いや散逸、記載の不備、店賃算出の違いなどがあって、一筆ごとに寛政度の額を決めることは困難だと述べている。しかしすでに地代店賃引下げを公布している以上猶予できない事態であった。鳥居も、地主は元来富商が多く、有余のあるもの、一方借地借宅のものは身薄である、一刻も早く地代店賃を引き下げれば莫大の御仁恵になる、地主との「口論」はひとまずおき、精密でなくとも寛政期のデータをもとに引下げを図ることが必要だと強調した。店賃については現実に即して、店賃算定のための基準を設けることを提起している。さらに町奉行所や町会所持ちの地面については特段の引下げ率にしたいとしている。七月八日の申渡は鳥居の意見そのものであった。物価引下げ政策の一環として提起された地代店賃引下げは、町会所地面の地代店賃を検討する中で、地代店賃問題の救済的側面が強調されていった。

地代店賃引下げ令

七月八日、地主家主名主は鳥井甲斐守の番所に呼び出され、地代店賃を寛政以前の額に引き下げるよう、地主の収入は減るが、地借店借の暮し向きを良くしようという趣意であるから有難く受けるようにと申渡された。店賃は地代＋上家代とし、上家代算定の基準を示した。四月二八日の申渡によって町々から提出された調査書はいったん下げ渡され、一地面ごとに、寛政期の地代、その根拠、基準にしたがって算定した上家代とあわせた店賃を朱書の下げ札とし、その結果としての地主の手取減少額を記入、一町の集計、削減率を書き入れさせた。新たな調査書は八月には提出されたようである。そして九月三日再度調査書が下げ渡され、一地面ごとの削減率、引下げの根拠となった帳面の所持者名を書き入れさせた。そして町人地の調査の目鼻が立ったところで、八月二〇日、拝領地・拝借地についても寛政期以前の地代店賃に引き下げるべく調査が命じられた。

店賃算定の基準を奉行所が提示するというのは政策的には大きな変更であったと思われるが、検討の経過は不明である。現実と齟齬がなかったということであろうか。奉行所が提示した算定基準は、新規普請金を六カ年に割り、一年を一二カ月に割り、それを地代とあわせて店賃とするというもので、あわせて普請金のおよその見積りを示した。表二階家瓦葺から裏平屋柿葺《こけらぶき》まで構造別にし、さらにそれを上中下の三ランクに分けた。ちなみに表二階瓦葺、上の部は二両三分、裏平屋柿葺、下の部は三分二朱である。しかし個々の事例で見るとかならずしもこの基準で算出していないようである。

町から提出された調査書は奉行所によって検討され、正式に命じられたのは翌一四年二月二日になる。一、二章で紹介したように、安針町ではすでに三月に引下げを行い、鈴木三右衛門家でも三月から引き下げている。一三年（一八四二）二月から実行に移した瀬戸物町の鰹節塩干肴問屋伊兵衛は奇特者として褒賞されている。以前から地代店賃の引下げは施行の一形態として奨励されていたが、この場合は、「諸色直下げの御趣意」に応えたものとして褒美が与えられている。最初の調査に取り組まれていた一三年五月には、地主の判断で地代店賃を引き下げることを奨励する触れが出され、名主レベルでも、一三年七月分から引き下げて集金することを申しあわせている。当初物価引き上げの要因として、その引下げが図られた地代店賃は、市中経済と地代店賃との関係について十分な検討もなく、七月には身薄のものの救済策として進められることとなった。

一三年一二月、町々から提出された調書の検討をほぼ終えた鳥居は、削減額について次のように報告している。日本橋最寄は地代三〇％、店賃六〇％減、浅草下谷神田辺は地代六〜七〇％、店賃四四〜六九％減、芝青山辺は地代四四〜八六％、店賃三〇〜五〇％減、市谷牛込音羽辺は地代四〇から五二％、店賃四〇〜五〇％余減、本所深川辺、地代五〇〜六〇％余、店賃四〇〜六〇％余減、その他は一〇〜三〇％減だが、一、二厘、五、六分のところもあるとしている。これから検討する町々の調査書に記された削減額は、その他の部類に入るものばかりである。鳥居の示す削減額は、もしあったとしても特定の地面のものとしか思えない。示されている金額は、全体で寛政期一年地代二〇万六七六六両二余、店賃二四万三四六六両二分余、計四五万二三三両余に対し、天保一一年地代二三万四〇八〇両三分余、店賃二八万八六二両余、計五一万四九四二両三分余、全体で六万四七九〇《（ママ）》両二分余の減としている。削減率一二・六%である。

地代店賃引下令の影響

地代店賃引き下げ政策のそもそもは、地代店賃の上昇によって問屋の不動産経費がかさみ、また諸職人手間賃が上って物価を高くしているという認識から出発した。政策立案の過程で、南町奉行鳥居甲斐守は地代店賃引下げの救済的側面を強調し、いまでいう国・公有地については特段に安い貸賃で貸し出そうとした。しかしそのことは多くの矛盾を浮かび上がらせることになった。

先代の使い込み金一九万六八三五両の残り一五万三八三五両を拝領町屋敷の地代などで一〇カ年で返済する約束の町年寄樽藤左衛門からは、地代店賃を引き下げると返済計画を実行できないと地代店賃引下げの猶予を願い出ている。これは返済金の場合だが、御用達町人には役を奉仕する代償として町屋敷が与えられていた。地代店賃引き下げで当然その収入は減る。拝領町屋敷の地代店賃で生活を補っていた下級武士層の場合はもっと直接的で、深刻であった。拝領町屋敷は、時期は遅れて天保一四年六月、沽券地なみに寛政期地代店賃に引き下げることになった。弘化三年（一八四六）には、拝領町屋敷の地代店賃引き上げの願いを受けて、当時の町奉行遠山左衛門尉と鍋島内匠頭連名で、店賃引き上げ許可の伺いを提出している。引き上げを認める判断はなされなかったと思われるが、現状の追認はされていったであろう。個人の場合だけでなく、役所経費の一助ともなっていた。本所見廻役からは、本所付御用屋敷の地代はもともと低いので引き下げられないとの伺いを出している。天保一一年の総拝領地・拝借地・上納地・助成地の上り高は一三万九四二一両三分、先の沽券地上り高の二七%にあたる。武家地といっても実際には町地と変わらなくなっていたのだから、それだけの地面を引き下げ対象からはずすわけにはいかなかったのである。

町会所貸付金は地代店賃によって借入金を返済するしくみである。地代店賃を引き下げる代償として、貸付金は二〇年賦、無利子、または年限なしの無利子となった。天保一〇年（一八三九）には貸付金利子は全収入の約三分の一を占めていた（吉田、一九九一）。天保の飢饉後、連年の臨時救済で囲穀・現金ともに減少していた町会所にとって、利子収入の減少は大問題ではなかったのか。

前章でみたように、江戸の経済活動で町屋敷の果たす役割は少なくなかった。資金を不動産に投資し、営業活動の一環としたり、金融の担保として活用したりしていた。流動的な、零細な地主も多かった。零細な地主にとって地代店賃引下げの影響は特に大きかったのではないだろうか。不動産担保の金融である家質については、天保一三年（一八四二）九月、地代店賃引下げにともなって、利子の書替えを行うように令した。あわせて、従来売渡証文で行われていた契約手続を、家質証文に改め、沽券状は金主に渡すこととした。その土地の地代店賃の動向が家質利子に影響を与えていたことは確かだが、一律ではない。水田善三郎支配の町々では、書替えを確認できなかった。経済活動にさまざまな影響を及ぼした地代店賃引下げであったが、実施にいたるまでも大変な作業であった。

町々の調査書

四月と七月の申渡にそって調査回答することは、町にとってかなりの負担であったと思われる。これら調査書の写しは、現在二一町分が把握できる。一番組の室町二丁目・安針町（中央区日本橋室町）・小網町三丁目（中央区日本橋小網町）、二番組弥兵衛町（中央区日本橋富沢町）、五番組南伝馬町二丁目名主高野新右衛門が提出した七カ町（中央区京橋）、六番組長尾文蔵支配の五カ町（中央区銀座五・六丁目）、八番組桜田備前町（港区田村町二丁目）、一〇番組青山久保町（港区北青山二丁目）、一五番組元鮫河橋南町・元鮫河橋八軒町（新宿区南元町）、関口台町（文京区関口・目白台音羽）である（巻末第四章史料参照）。

一・二番組の四町分は、武蔵国下奈良村の吉田市右衛門家が町屋敷を所有していた関係で、吉田市右衛門家文書に含まれている。八月提出のもので、引下げ額が朱書きで下げ札となっている。ただし小網町三丁目には下げ札がない。安針町は吉田家にかぎらず、どの地主も三月と八月に引き下げているが、引下げ前の数値は天保一一年のものという指示であるから、引下げ額は二度の引下げの合計と考えられる。

南伝馬町は大伝馬町とともに御伝馬役を勤めた町である。一丁目から三丁目まで三町よりなり、それぞれの名主がいた。高野新右衛門は二丁目の名主であったが、元禄年間、かつて福田清左衛門支配の南鞘町、田口次左衛門支配の南塗師町、さらに入堀を埋め立てて新しく起立した松川町一・二丁目の支配もまかされた。南伝馬町一丁目の名主吉沢主計は天明年間多重の債務保証に立ち、出奔し、そのあとは高野と三丁目名主小宮善右衛門が一年交代で勤めることになった。南伝馬町三丁目新道は高野と小宮の月番持ちであった。幸いにして調査時点が高野の担当であったので、上記七カ町分の調査書が残されたのである。高野新右衛門は四月二八日の申渡をうけて、調査結果を五月六日に鳥居番所に提出した。「支配分地面上り高掛り高其外書上」八冊とある。七月八日下げ渡され、一地面ごとに引き下げ額を朱書下げ札にし、八月一〇日提出した。撰要永久録公用留三二～三四は、五月に提出した調査書に、八月の下げ札の分を書き込み、さらに九月の追加調査を記入したものである。

桜田備前町、青山久保町のものは、五月に提出したものに、引下げ額を下げ札にして八月に提出したものである。一五番組元鮫河橋二カ町の天保一三年五月「地面間数沽券金上り高書上控」は桜田備前町、青山久保町などと同じく、五月書上のものに引下げ額を下げ札で付したものである。元鮫河橋二カ町のもう一つの調査書「天保一三年七月地面調ニ付被仰渡并間数上り高絵図面取調控」は一地面ごとに利用状況を図示し、これまでの地代店賃、寛政度の額にもとづいた引下げ額、地主の手取り減などを詳細に書き入れたものである。関口台町は元鮫河橋二カ町と同じく別帳の絵図書上がある。江戸東京博物館の石井良助コレクションに収蔵されている調査書（林玲子氏筆写史料による）は四月提出で、七月令にもとづく下げ札はない。絵図のほうは七月書上で、東京都公文書館に所蔵されている。

七月八日令のあと七月一二日に市中取締掛から、店賃算定方式など細々とした引下げ仕法が達せられたが、そのあとに「申合」として「一地面限り地代店賃上り高、地借りか店借りか、二階家か平屋か、瓦葺か柿葺か、雪隠・芥溜まで細かく、麁絵図にし、坪あたりの地代店賃を書き入れ提出する」とある。元鮫河橋二カ町、関口台町の絵図がそれに当たるであろう。

長尾文蔵支配の五カ町分は、南鍋町一丁目、尾張町・南鍋町二丁目、元数奇屋町四丁目、滝山町と町ごとの絵図である。地面内の利用状況を図示し、一戸ごとに地借店借の別、二階瓦葺といった構造、現行の地代店賃（月額・坪あたり）を記入し、その引下げ額（月額・坪あたり）を朱で書き込んだものである。提出年月は元数奇屋町四丁目に天保一三年八月とあり、他町は欠けているが同時に提出されたものであろう。これらの絵図には、「(引下げ後の）上り高、町入用差引地主手取金別紙に認め、南御番所様え書上」と書き込まれているので、調査書本体の方が失われ、絵図のみ残ったものであろう。一方高野のもとでも一筆ごとの図面が作成されたのであろうか。いま残されているのは撰要永久録に編纂されたものとしてであるから、そのもとの史料とともに図面も失われたのかもしれない。このように二一カ町の記録も完全なものではないが、高野支配の町々は京橋地域、桜田備前町は芝口、四谷門外の鮫河橋、関口、青山と町柄

松川町2丁目	桜田備前町	青山久保町	元鮫河橋南町	元鮫河橋八軒町	関口台町
8	18	65	33	25	21
8(3)	17(4)	54(39)	23(15)	20(11)	20(17)
2	3	11	8	8	10
154.5	489.4	521.2	196.68	98.68	107
125	441.6	423.35	151.75	80.31	
0.082	0.056	0.188	0.228	0.186	
0.161	0.079				
460.9	1,734.1	8,202.2	2,581.5	2,338.9	2,515.5
33.52	28.22	6.04	7.62	4.22	4.25
地借	隣町名主	寛政度書面	家持	名主	

の異なる地域のデータがあることは、江戸の地域差、天保期地代店賃引下げの意味を問う上でも貴重な史料である。以下、場合により、四・五月提出の天保一一年の地代店賃に引き下げ額を下げ紙にした史料をA、七・八月に絵図面で提出した史料をBと表現する。

調査書に見る地域差

地代店賃引下げについて検討する前に、地域差について概観しておこう。表16は、調査書から読み取れるいくつかのデータを一覧にしたものである。以下、特に断らない限り、出典は巻末の第四章史料「天保一三年地代店賃調査書」である。高野支配の町からは、南伝馬町二丁目と日本橋通りに面してない松川町一・二丁目に限った。長尾支配の町々は全体的な数値が記入されてないのでこの表からは省いた。

まず地主であるが、元鮫河橋の二町、青山久保町で土地の集中がみられる。元鮫河橋南町・青山久保町はもと伊賀者の給地で町奉行

表16　調査書から読み取れる地域差

		室町2丁目	安針町	南伝馬町2丁目	松川町1丁目
①	沽券状の数	12	7	16	6
②	地主数（居付）	10(1)	7(1)	17(2)	5(1)
③	女名前の地面数	3	1	3	2
④	天保11年地主手取高(両)	579.75	490	867.25	163
⑤	引下げ後の見込（両）	492	445.2	696.25	117.8
⑥	地代削減率	0.091	0.065	0.117	0.137
⑦	店賃削減率	0.119		0.115	0.21
⑧	面積（坪）	1,395	831.2	2,080.6	481.8
⑨	100坪当り収益	41.5	59	41.68	33.83
⑩	根拠とした史料			名　主	隣　町

（注）①の沽券状の数に草創地は入っていない。南伝馬町2丁目に1筆、青山久保町に3筆、元鮫河橋南町に1筆の草創地がある。④の天保11年地主手取高は地代店賃上り高から町入用等を差引いた地主の全手取である。⑤の引下げ後の見込みは④より引下げ金額を引いた金額である。⑥・⑦の地代・店賃削減率は史料の記載のままで計算し直していない。坪数は集計した。⑨の100坪当り収益は引き下げ前の額である。

支配、関口台町も町奉行・代官両支配の町並地であった。地域差だけでなく、支配のちがいもあったかもしれない。

天保一一年地主手取高は地代店賃収入から、町入用・七分積金・年貢・家守給などを差し引いた額で、地主の全手取りといわれるものである。老朽化や火災による修復費は差し引かれていない。これを町の面積で割ってみたのが⑨一〇〇坪あたりの収益である。町の面積は一筆ごとの坪数を集計したものである。天保一一年の、一〇〇坪あたりの収益がいちばん高いのは、安針町で五九両である。室町二丁目と南伝馬町二丁目はほぼ同じで、四一両二分余、松川町は表通りではないが、桜田の町より上である。青山久保町以下はぐっと下がり、青山久保町六・〇四両、元鮫河橋南町七・六一両、元鮫河橋八軒町四・二二両、関口台町四・二五両である。安針町は、最低の元鮫河橋八軒町の一四倍である。関口台町・青山久保町は一筆あたりの面積が一〇〇坪を越えるからまだよいが、元鮫河橋二町、とくに南町は一筆あたりが狭いので、地主一人あたりの収入は少額であった。

⑥・⑦の地代店賃削減率は調査書の末尾に記されている数値である。⑩は引下げの根拠として記されている史料の持主である。削減率は安針町・桜田備前町を除き、一〇〜二〇%である。後に詳しく見るが、中心部の町では角地や横通りの表など、地域の発展にともなって利用価値の高くなったところが寛政期にくらべて高くなり、したがって削減率が高くなっている。元鮫河橋二町、青山久保町などの裏地代には変わらないところもあった。概して地代より店賃の方が削減率は高いが、南伝馬町二丁目のように、地代の方が高い町もある。根拠となったデータは限られていると思われるが、削減後の額は一定ではない。

土地の売買価格、すなわち沽券金高の傾向を見るために作成したのが表17である。調査が行われた直近の一一年間、天保二年（一八三一）から天保一二年（一八四一）までをⅡ、その前一〇年、文政四年（一八二一）から天保元年（一八三〇）をⅠ、天保一三年をⅢと区分した。まず目につくのは件数のちがいである。件数はⅠ二八、Ⅱ七一と大幅に増えている。室町二丁目と安針町はほとんど異動がない。桜田備前町をふくむ中心部の町々は、室町・安針町ほどではないにしても異動が少なく、変化がない。それに対し、青山久保町以下は、天保期に入って流動性が高まっている。

表17　引下げ令前後の売買価（100坪当り、単位は両）

	Ⅰ1821～1830		Ⅱ1831～1841		Ⅲ1842	
	件数	売買価	件数	売買価	件数	売買価
安針町	1	2,479	1	1,373	0	
室町2丁目	1	1,600	0		0	
南伝馬町2丁目	2	1,115	3	931	0	
松川町1・2丁目	4	709	2	530	0	
桜田備前町	2	669	5	820	0	
青山久保町	10	77.7	27	83.4	3	54.9
元鮫河橋南町	2	155.7	17	97.2	1	61.1
元鮫河橋八軒町	5	84.2	6	64.3	2	37.1
関口台町	3	35.0	11	50.8	2	16.7

売買価格はその期間実際に売買された金額を坪数で割ったもので、一〇〇坪当り、単位は両である。安針町が突出している。桜田備前町を除けば、表16⑨一〇〇坪あたりの収益の差と同じ傾向を示しているが、売買価格の格差は収益の格差より大きい。時間的には上昇傾向と下降傾向と二分されている。安針町・南伝馬町・松川町は下がっている。桜田備前町、青山久保町、関口台町では土地の売買が活発に行われ、地価も上昇傾向にある。一方、元鮫河橋二カ町は売買件数はふえているが売買価格は下がり気味といえよう。先に紹介したように、町奉行鳥居甲斐守は土地の価格が上昇し、それをもとに地代店賃を算定するので地代店賃が高くなっていると分析していたが、地価はかならずしも上昇してはいなかった。なお前章で扱った水田善三郎支配の町々では一八三〇年代から四〇年代にかけて、売買価格は上昇傾向にあった（表5参照）。

Ⅲは天保一三年一年分のみのデータである。調査書の提出は遅くて八月であるから、短い期間にかぎられるが、八件認められる。地代店賃引下げ目前の状況のもとで売買がされている。そして売買価格は大きく下がっている。これは地代店賃引下げ政策による町屋敷市場の混乱を物語るものである。

二　調査書にみる地代店賃

南伝馬町二丁目

南伝馬町二丁目は、大伝馬町とともに慶長期に開発された由緒ある町である。名主は草創名主の由緒をもつ。一七世紀末に周辺の堀が埋められ、港湾機能は後退したと思われるものの、東海道起点の通町につづく中心市街地の一画にあった。当時の地主一七人のうち居付地主は名主高野新右衛門のほかには、たみ一人であった。地主には御為替御用達三井八郎兵衛、勘定所御用達三谷三九郎、町方御用達鹿島利右衛門・内藤佐助などの富商や銀座役人の名前がみられる。京都住宅、名古屋住宅など上方に本拠をもつ江戸店持もみられる。地主の多くは江戸の上層町人であった。

地代の削減率は一一・七%、店賃は一一・五%で、一〇%を超えている。天保一一年の地主の収入は、町入用や家守給金を引いたまったくの手取りで八六七両一分余、一人平均五一両となる。引下げ後は六九六両一分、一人平均四一両弱となる。記入されている沽券金の総額の四・八%の収益であったものが、三・四%に減少することになった。

引き下げ前の最高の地代は南伝馬町三丁目につづく西側の角地で、地主は青山久保町の与八、地代で坪あたり月額五匁五分であった。その向かい側東角、鹿島利右衛門所有の角地代は坪あたり四匁五分であった。南伝馬町二丁目はかつて火除の広小路があった関係で、東西に二本の新道ができていた。この新道の角地の地代は高かった。角地地代は四匁五分から五匁五分までの四ランク、平均五匁一分二厘である。引下げ後は四匁五分に統一され、三井が例外的に三匁八分にしている。中屋敷（角地以外の表通りの地面）は四匁から四匁八分の八ランク、平均四匁四分八厘である。角地であっても角地地代と表示していなければ中屋敷とした。引下げ後は一部の例外を除いて四匁となった。町境や新道に面した横通表は二匁七分から三匁六分の六ランクで、平均三匁一分二厘である。引下げ後は、いちばん南の通りに面したところが二匁八分であとは二匁五分となった。裏地代は三井の一匁八分五厘を例外として、二匁から三匁一分五厘の九ランク、平均二匁三分五厘であった。引下げ後は一部の例外を除き、二匁に引き下げられた。

寛政期の史料により引き下げられた地代は、平均で角地四匁四分、中屋敷三匁九分六厘、横通り二匁五分六厘、裏一匁九分七厘である。平均でもっとも引下げ率の高いのは横通りの一八%、ついで裏一六%、角地一四%、表一二%余である。とくにいちじるしいのは西側南角で角地一八%余、横通り二〇%の減である。東側南角の横通りも二〇%減となっている。新道に面したところで三〇%減のところがある。この削減額を寛政から天保までの五〇年間の地代店賃の変動とみれば、商業的にも価値の高い、表通りの角地や横通りの地代が上昇していたということになる。経済活動の発展を反映したものといえるのではないだろうか。

南伝馬町二丁目店賃

高野の地面以外は店貸しの記載がある。南伝馬町二丁目の引下げ後の店賃収入は地代収入の五九％である。坪あたりは店賃の方が高いのだから、坪数の面では貸地の三〇％くらいであろうか。三井の地面についていえば、文化四年（一八〇七）、地貸し四〇坪、貸店五二・五坪であったものが、天保一一年（一八四〇）には、地代四六両一分、店賃二五両三分と貸店が大幅に減っている。全体として貸店が減っているが、地貸しの町とはいえない。

日本橋通に面して貸店はなく、表通りはすべて地貸しである。横通りは貸店の方が多い。三井を例外として横通りの店賃は三匁八分六厘から五匁七分一厘五毛まで地面ごとに異なる。平均四匁八分三厘で、引下げ後も三匁六分から四匁八分までの六ランク、平均四匁三分九厘、引下げ率九％である。最も地代の高かった西側南角地の店賃は坪あたり五匁七分一厘五毛で、東側南角地の横通り表店賃も五匁二分と高い。引下げ率は一六％になる。裏店賃も三匁七分五厘から四匁三分まで五ランクで安くはない。引下げ後は三匁二分五厘から三匁八分の八ランクで、平均四匁七厘から三匁六分一厘へ、一一％減である。変更なしの地面もあり、概して引き下げ幅は小さい。裏店といっても二階瓦葺であって、柿葺は一カ所だけである。柿葺でも店賃は坪四匁三分である。ここは二四％減となった。店賃は、地代に建物の構造の差が重なるのでばらつきがでている。

このようにみてくると、店賃についても、角地など地価の高いところが寛政以降の上昇率も大きく、横通りの営業店舗と思われる貸店の店賃の上昇率が大きい。なお三井については特例といえるほど地代店賃とも低価である。購入年が元禄三年と、古くからの地主であったということもあるかもしれない。

南伝馬町二丁目の場合、地代に上乗せする上家代はいずれも奉行所の指示より低く、地面ごとに差がある。二階瓦葺で横表が一匁一分から二匁、裏が一匁六分、一匁七分二厘などである。店賃の算定は奉行所の見込みを下回って決定された。

南伝馬町一丁目は二丁目より日本橋に近いのであるが、地代店賃は二丁目よりいくらか安く、引き下げ幅も少ない。角地の表示がなく、表地代も坪四匁で引き下げ額ゼロの地面も多い。そうした中で横通りは一〇％ほどの引下げがあり、三〇％減の地面もある。平均すると一丁目の店賃引下げ率は約一四％で二丁目より高い。東側北角（中橋広小路寄り）は横通り店賃三四％減、裏店賃二八％減と大幅である。南角地も一七％減で、横通りの引下げが目立つ。寛政期以降かなり上昇していたということであろうか。

松川町について簡単に触れておく。一丁目は、地代削減率一四％、店賃削減率二一％と高率である。この町には準拠する史料がなく、隣り町の南塗師町の史料を借りている。一・二丁目あわせて表地代二匁から二匁五分を二匁に統一している。裏地代一匁五分から二匁であったものを一匁五分に統一している。日本橋通りに平行している一丁目と二丁目を分けている通りに面したところは三匁台から二匁五分になった。表店賃は三匁九分一厘から四匁五分六厘まで九ランク、裏店賃は三匁三分から五匁三分までの五ランク、南北の通りに面しているところは五匁と五匁三分である。地代の引下げ幅が高いうえに、上家分にあたる分も従来より低く算定されたのであろう。表店賃は三匁三分から三匁八分三厘の六ランク、裏店賃は二匁七分から三匁六厘の三ランクとなった。この町は裏にも道が通っているので、とくに店賃では表と裏の差がない。

南鍋町一丁目

南鍋町は山下門から木挽橋へぬける通りに面した両側町で、一・二丁目がある。現在は北側が銀座五丁目、南側が六丁目になっている。御城よりの一丁目は銀座通りから二本目の南北を通る道で二分されている。東側と南側は隣町と接している。先に述べたように、南鍋町一丁目の史料は一町を一枚に仕上げた絵図のみである。地面ごとに地貸、店貸、土蔵、物置、雪隠、芥溜などの建物の配置が図示され、一戸ごとの地代店賃、引き下げ高が記入されている。他町のような調査書がないので全体の数値を確定できないが、利用状況はよくわかる。地主は一〇名、間口二〇間を所有する地主も二人いる。居付三名、地借九六、店借二七、全戸地借りの地面が七カ所、残り五カ所に貸店がある。

この町には一章で扱った鈴木三右衛門家の地所がある。天保一三年三月、鈴木三右衛門は、貸借の新旧によって多少のちがいがあるが、地代五％引き、店賃一〇％引きとし、およその計算として、表坪四五坪で坪あたり地代三匁七分、裏坪七〇坪で坪あたり地代二匁、地代計三〇六匁五分、裏店二五坪で坪あたり三匁七分で上り高一〇〇匁、あわせて四〇六匁四分五厘が現行の収入としている。ここで表坪というのは、表通りから奥行五間までの部分である。

南鍋町絵図の鈴木三右衛門所有の地面には、南鍋町通りに面して四カ所、内部に二カ所の貸地、家守店、五戸の長屋一棟がある。貸付の状況は、表貸地が四七・五坪、裏貸地五九・二五坪、貸店が三五坪と鈴木家の記録とは多少のちがいがある。絵図に書き込まれている表地代は二匁五分、三匁八分六厘、四匁二分、四匁五分と地面ごとに異なる。これらは二匁五分の地面を除いて三匁八分六厘に引き下げられた。裏地代は、表通りに面している地所の場合は二匁、内部にある地面の場合は一匁九分、一匁九分七厘などであり、二匁のところは一匁九分、その他は一匁八分五厘に引き下げられた。店賃は坪あたり三匁二分一厘、一戸七坪で二二匁五分であったが、二〇匁二分五厘に引き下げられている。これらは奉行所の七月令にしたがって引き下げた数値であろう。引下げ率をみると、裏地代は五％減、店賃一〇％減で鈴木三右衛門の意向と一致するが、表地代は、現状の高低を反映して、引下げ率ゼロから二〇％という差が生じている。全体でみると、八月提出の図面の削減率は約一七％で、三月の自主的削減率を上回っている。寛政以前の額にという指示が徹底されたのであろう。自主的引下げでは終らなかったのである。

南鍋町一丁目の地代についていえば、南伝馬町と同じく、角地が高く、引下げ率も大きい。角地の地代は四匁から五匁五分の七ランク、平均すれば四匁五分三厘である。北側西角が五匁五分で、これが四匁一分、二五・五％の引下げ率である。南側中通り角は五匁二分七厘が四匁に二四％減である。南鍋町通りの表坪は三匁五分から四匁六分の九ランク、平均四匁三厘である。町を二分する南北の中通りの表坪は三匁五分五厘で、南鍋町通りより低い。裏地代は一匁五分から二匁の四ランク、平均一匁八分九厘である。引下げ後は角地四ランク、表六ランク、裏七ランクと実情に即して検討されたようである。南鍋町通りは平均一一％減、中通りは平均一二％減だが、二一％減のところもあり、上昇傾向にあったといえよう。北側の裏は東西の通りに面している。ここの地代の平均は二匁五、六分で中通りより安い。裏地代は引き下げ率も低く、九％弱である。

店賃は北側の通りや中通りに面したところは四匁六分六厘から五匁であるが、裏店は三匁から三匁七分である。五匁のところは四匁五厘と一九％の引き下げとなったが、裏店三匁のところは引き下げられていない。間口九尺から二間の長屋であるがすべて二階瓦葺である。

角地や表通りは引下げ率が高いが、裏地代や裏店賃の引下げ率は高くはなかった。ここでも商業上の立地の善悪が地代店賃に反映していたといえるのではないだろうか。

元鮫河橋南町・元鮫河橋八軒町

元鮫河橋南町・八軒町は現在新宿区南元町の一部にあたる。元鮫河橋南町の西端に接して発昌寺があり、その西隣りが、いま千日谷会堂で知られる一行院である。JR信濃町駅から四谷駅に向かう谷底の鉄道線路になったところである。南町の通りを東に行けば元鮫河橋表町であるが、元鮫河橋・鮫河橋を冠する町々とは、武家屋敷に隔てられて、いささか孤立した感じがある。元鮫河橋南町は伊賀者に与えられた給地で、承応二年（一六五三）名主又太郎の先祖が湿地帯を埋め立てて町屋とし、元鮫河橋八軒町は前後して移転してきたといわれる。町奉行支配になったのは元禄九年（一六九六）で、名主番組は麹町・市谷・牛込・四谷・小日向・赤坂などの一五番組に属した。東京市十五区では四谷区であった。この二カ町はこれまで紹介してきた中心部の町々とちがった様相をみせている。

文政一〇年（一八二七）の調査「町方書上」では南町の戸数は一五三戸、内訳は家持一五、地借六、家守九、店借一二三で、店借率八〇・四%である。八軒町の戸数は一三〇戸で、家持九、地借一、家守八、店借一一四、店借率八七・七%である。先にも述べたように、この町には五月提出の「地面間数沽券金上

表18　元鮫河橋2町住民構成

1827年			1842年		
	南　町	八軒町		南　町	八軒町
家　持	15	9	地主住居	13	9
地　借	6	1	貸地数	2	4
家　守	9	8			
店　借	123	114	店　借	175	119
計	153	130	計	190	132

り高書上控」（A）と七月提出の「地面調ニ付被仰渡幷間数上り高絵図面取調控」（B）がある。Bに記された地主住居・貸地・貸店数を集計し、文政調査と対比したのが表18である。この一五年の間に南町は三七戸の増加で、とくに店借の増加はいちじるしく、店借率は九二・一%に達している。八軒町は戸数に大きな変化はないが、地借が増え、店借率も九〇・一%と少し増えている。南町では全戸店借の地面が大半であった。

建物の規模は、明店を含め、両町あわせて、三坪以上四坪未満が一九一戸、五四・九%、四坪以上一〇坪未満が一三三戸、三八・二%、一〇坪以上二〇坪未満が一六戸、四・六%、二〇坪以上が八戸、二・三%である。建ぺい率五〇%を超える地面が一八筆ある。いわゆる九尺二間の裏長屋は四畳半に土間があって三坪である。このような規模の住居が半数以上を占めていた。大半が柿葺で、瓦葺は日野屋久兵衛地所の貸家に瓦葺平屋とある一戸のみである。二カ町の利用状況を図12に示した。丸で囲んだ数字の①から㉘までは南町、㉙から㊿までは八軒町である。二階家は南町表通り戸数の六〇%、八軒町は地主の二戸のみである。

元鮫河橋二カ町の地主

天保一三年（一八四二）の調査では、南町の地面数三五、八軒町二五に対し、南町地主二三人、うち南町住居一六人、八軒町住居一人、他町住居六人、八軒町地主は二〇人で、八軒町住居一一人、南町三人、他町六人（内一人は南町地主でもある）であった。中心部の町にくらべて居付地主が多かったことがわかる。他町地主の居所は、中心部では尾張町・横山町・本材木町などで、小石川・麻布・赤坂など周辺部が多い。

これを地主の収入の面から見ると、天保一一年（一八四〇）、南伝馬町二丁目地主の一人あたりの年間収入は五一両余であったのに対し、元鮫河橋南町ではおおよそ八両二分、八軒町では五両に満たない。手取りの面ではより大きな差があった。五月提出の地主手取金（天保一一年の数値）でみると、上り高なしが八人、一両台が五人、二両台三人、三両台三人、四両台五人で、五両に満たないものが二四人と全体の五七・一％を占めている。一〇両未満は七六・二％になる。あとは一〇両台八人、三〇両台一人、五〇両台一人である。五〇両台は、元鮫河橋南町が地代店賃引下げに当たって根拠とした史料を所持していた日野屋久兵衛で、南町三五筆のうち七筆、計五二〇両の土地を所有し、五五両近い収入を得ていた。たとえ年間一〜二両の収入でも、日常は銭の生活で、はたらかずして得られる収入はありがたかったであろうが、普請金などが支出できる金額ではない。経営としてみれば破綻状態である。

(都史紀要34『江戸住宅事情』)

地主の異動の面でも地域差があった。天保一三年時点で土地の購入年をみると、元鮫河橋二町では近い年の異動が多い。すなわち南町では、過去五年間に購入した地面が三五筆中九件、過去一〇年間では一六件、三〇年にさかのぼらせると二九件、八三%になる。八軒町も、二五筆中過去五年間に七件、三〇年間で一八件、七二%になる(表17参照)。南伝馬町二丁目、南鍋町一町目ではこのような際立った動きはみられない。過去三〇年でとってみても、南伝馬町二丁目は一八筆中八件で四四%、南鍋町一町目は一二筆中二件、一七%にすぎない。なお南鍋町一町目は一八〇〇年前後に異動の山が

図 12　元鮫河橋南町八軒町権利関係図

ある。こうした傾向は、元鮫河橋二町の土地所有は流動的で、とくに天保期に流動性が高まったといえよう。日野屋久兵衛が南町で最初に土地を購入したのは宝暦五年（一七五五）であった。その後文政三年（一八二〇）二筆、天保六年（一八三五）一筆、天保一二年（一八四一）二筆、天保一三年（一八四二）一筆と集積していった。元鮫河橋二町の調査書には天保一三年七月の売買が記録されている。この売買金額をみると、南町では、一、二年前には二〇坪あたり二四、五両で取引されていたのが、天保一三年七月には半分の一二両余、八軒町は一四、五両のところ八両ほどと大幅に値が下っている。これは地代店賃引下げ令の影響をもろに受けたものであろう。そうした状況のもとでも手放さなければならなかったのであろう。

元鮫河橋二カ町の地代店賃引下げ

図13・14は、日野屋久兵衛所持地面の一つ（図12⑥）を例示したものである。図13は五月提出のA所収で、一地面ごとに、地主・家守名、町内の位置、間口・裏幅・奥行、坪数、沽券金高、購入年が一丁の表に記され、裏に一年の地代店賃、坪当りの額、町入用・七分積金・年貢・家守給料、それを差引いた地主の手取が記されている。そして七月令にもとづく地代店賃の坪あたりの引下げ額が朱書で下げ札にされ、末尾に地主手取の減少額が朱で書き込まれている。

図14は七月提出のB所収のもので、一地面ごとに貸地・建物の配置を記し、表・裏の坪数、引下げ後のそれぞれの上り高の計が書き込まれている。これは月額である。貸地・貸店一戸ごとにも間口・奥行、一カ月の地代・店賃が書き込まれている。つづけて表・裏の地代・店賃の年額、坪あたりの店賃（地代と上家代）、町入用などの諸経費、差引地主手取り高、五月とくらべて減少した額が記されている。

一見して、元鮫河橋二カ町の地代店賃調査書は詳細なものだが、個々の数値を検討していくと、かなり大雑把なものであることがわかる。五月の書上では地代は一律に表坪銀八分、裏坪銀五分で、引下げ額は日野

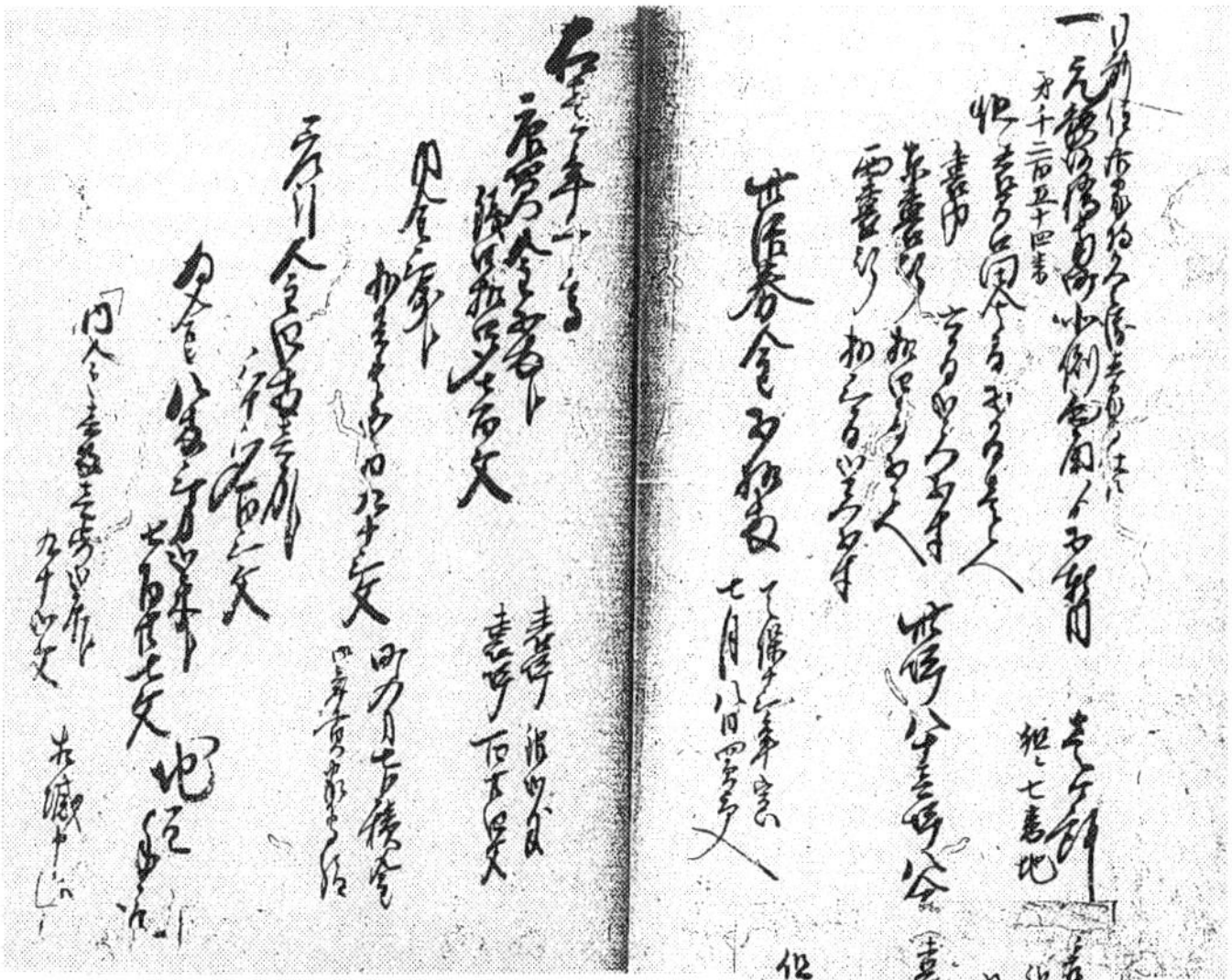
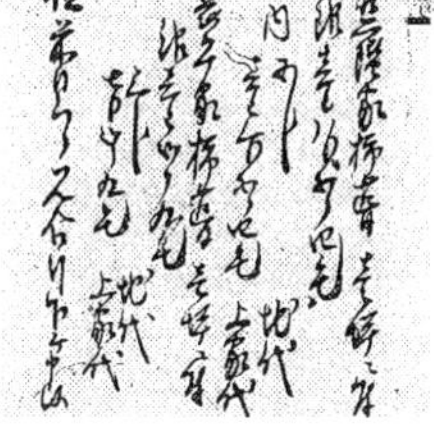

図13　日野屋久兵衛所持地面の五月提出史料
（東京都公文書館所蔵）

屋久兵衛所持地面の寛政二年（一七九〇）の地代を基準とし、銀五分と三分に統一している。
　店賃は銭・銀・金の表示があってややこしいが、概して表店賃は銀表示、裏店賃は銭表示である。南町の表店賃は一六八文（一匁四分四厘）から二匁の八ランク、一匁五分、二匁の額が多い。造作付で二匁八分のところが一カ所ある。裏は一二〇文（一匁三厘）から一匁二分の四ランクであった。一二四文、一三二文が大半であった。引下げ後の上家代は奉行所提示の金額を準用している。店賃を構成する上家代の坪数は建坪で延べ坪ではない。表二階家柿葺は表二階柿葺き中の部一匁三分五厘

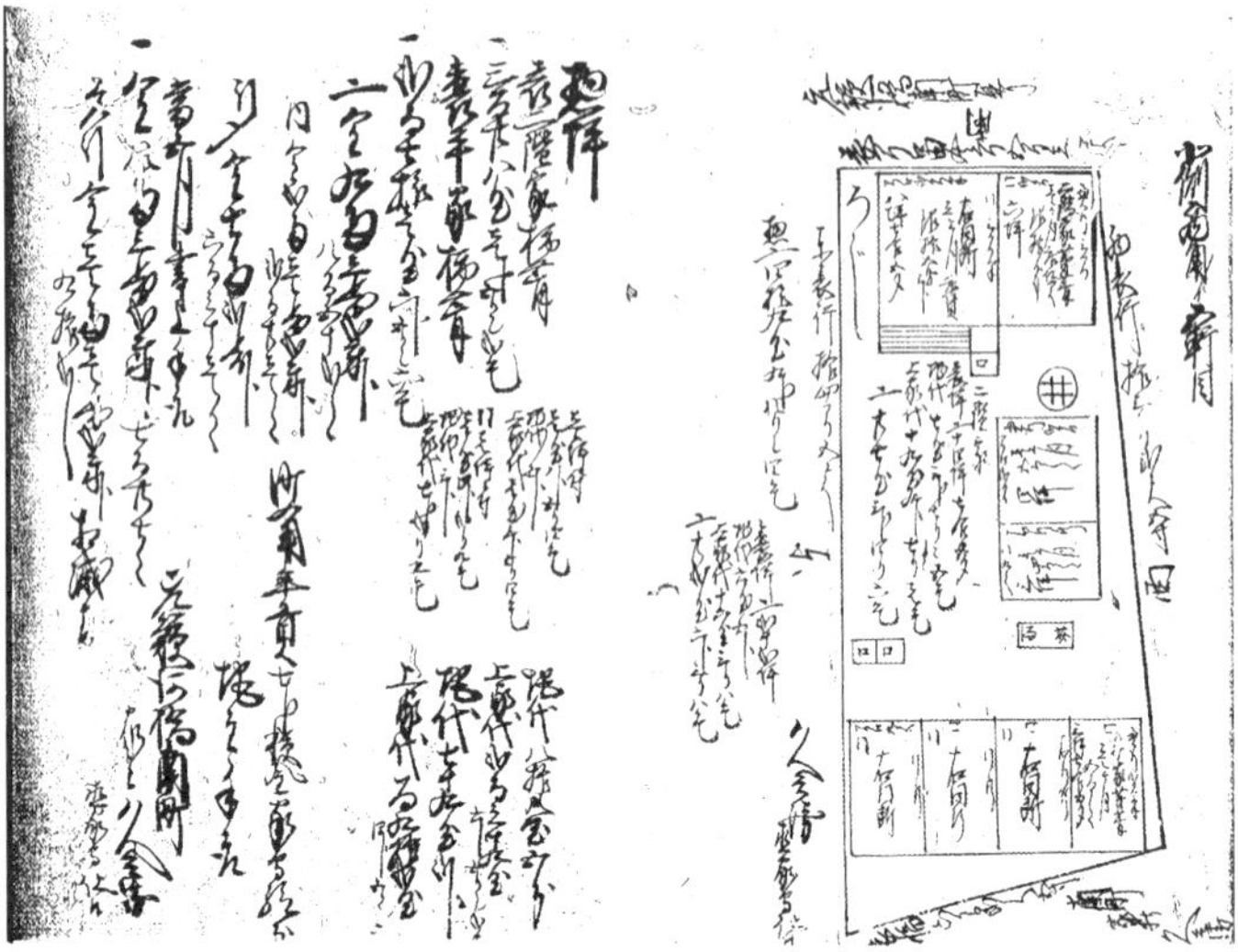

図 14　日野屋久兵衛所持地面の七月提出史料（東京都公文書館所蔵）

四毛と下の部一匁二分五厘とを併用している。表平屋柿葺は奉行所の基準値がないので、裏平屋瓦葺下の部の銀九分三厘八毛をあてている。裏の上家代はすべて裏平屋柿葺き下の部銀七分二厘九毛をあてている。したがって裏店賃は坪あたり一匁二厘九毛に統一された。地主・名主の対処の仕方もあるだろうが、中心部のように町内の格差はほとんどない。表店賃の引下げ率は多くて七%、ほとんど変わらない地面もある。裏店賃は九～一〇%減が三分の二、三%減が三分の一である。

八軒町の店賃は、表が一四八文（一匁二分七厘）から一匁五分、裏が一二九文（一匁一分一厘）から一匁二分であった。引下げは、表が裏平屋柿葺き中の部の銀九分三厘八毛、裏に裏平屋柿葺き下の部七分二厘九毛をあて、一律に表店賃一匁四分三厘八毛、裏店賃一匁二厘九毛とした。削減率はせいぜい四％で、値上がりした地面もある。南町角に造作付きの貸家がある他は角地であることのちがいはない。地代の引下げ率は表が三七・五％、裏は二五％であるのに対し、地代＋上家代で算定される店賃の引下げ率はわずかである。基準値の上家代が従来の店賃部分とあまり差がなかったということである。ということは従来この二カ町の店賃は割安であったということになる。

日野屋久兵衛の引下げ額

先にも述べたように、この町では、日野屋久兵衛所持地面の寛政期の地代店賃を目安に引き下げることになった。そのため奉行所へ提出した引下げ額は均一化したものであった。とくに八軒町は全町一律の地代店賃となった。しかしこの調査書にはもう一つのデータが記入されている。絵図面内の各戸ごとに記入されている金額である。戸別に記されている金額の集計は、五月提出の金額とも、七月提出の金額とも一致しない。このデータから地代店賃引下げの実態をみておきたい。なお、この二カ町の場合、「年貢・七分積金・町入用・家守給料」の額が五月と七月では異なり、七月の額がかなり多くなっている。これは過去五カ年の平均と指示されているもので、他町では同額である。そのため、この二カ町では地主の手取額の減少が実際より大きくなっているのである。

日野屋久兵衛所持地面でいうと、地面ごとに集計されている上り高の六カ所集計は三六二・三匁、各戸ごとに記入されている数値の六カ所集計は三七八・五匁である。その一つ、南町の東のブロック、紀伊家屋敷に近い方にある図12の㉓（図15）を例にとると、ここは全戸店借りで、表店賃は銀表示、裏店賃は銭表示である。表店三戸に書き込まれている店賃集計は六一匁五厘（表19）で、引下げ後の表店賃として書上げた四七匁一分一厘（表20）をかなり上回っている。同様に、七戸の裏店賃の集計は三九六八文（三四匁）で、引下げ額とした二八匁三分九厘を上回っている。表裏合計は九五匁六厘で、引下げ額とした七五匁一分四厘九毛を二六・五％も上回っている。一方、六カ所のなかで、戸別に書き込んだ数値の集計のほうが多い地面もある。同じ南町通り中ほどの南八丁堀一町目藤次郎所有一五〇坪の地面では、戸別に書き込まれた額の集計が、引き下げ額として届出た額を下回っている。ここでは表店も銭表示で、表店四戸の店賃小計は二六六八文（二二匁八分七厘）、引下げ額として届出た額は三五匁二分三厘一毛で大幅に下回っている。裏店賃は四三八四文（三七匁五分八厘）に対し三八匁五分八厘七毛とわずかながら下回っている。

町奉行所では町から提出された調査書を検討し、再度調査を命じていたりする。戸別に書き込まれている数値が町奉行所の指示によるのか、地主と借り手が相対で決めたものか確認できないが、戸別に書き込まれた額が新たに収納された額とおもわれる。数値の変動については銭相場の問題もある。七月調査令には一両銭七貫文の換算と指示されている。そのすぐ後の八月には六貫五〇〇文のお定相場の触れが出され

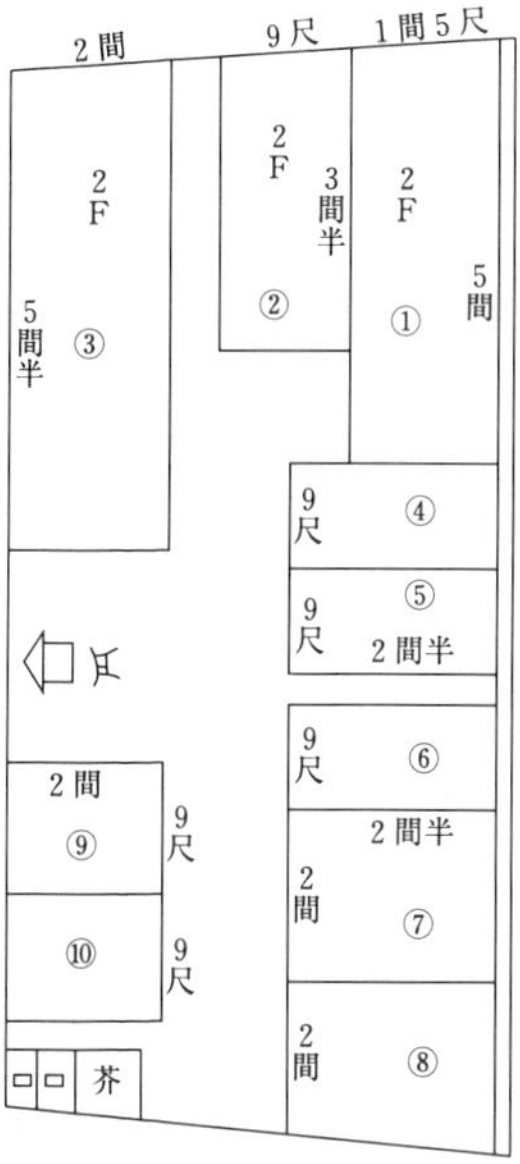

図15　日野屋久兵衛地所

表19　各戸かきこみの店賃

番号	坪　数	表店質(月)銀	裏店質(月)銭
①	9.12	18匁7.5	
②	5.25	15.3	
③	11.0	27.0	
小計	25.37	61.05	
④	3.75		584文
⑤	3.75		584
⑥	3.75		540
⑦	5.0		630
⑧	5.0		630
⑨	3.0		500
⑩	3.0		500
小計	27.25		3,968 (34匁1厘)
計		95匁06	

表20　図面上の集計店賃

	坪　数	地　代	上ハ家代	計
表坪	25.41	12匁705	34匁405	47匁11
裏坪	27.25	8匁175	19匁864	28匁039
計				75匁149

ている。地主としては銭相場変動のリスクは避けたかったであろう。また同じ裏店といっても、借りた時期によって多少の変動は生じるであろう。地代店賃の引下げは一筋縄ではいかなかったのである。

元鮫河橋二カ町の営業状況

元鮫河橋の二カ町には居付地主が多いことを指摘した。居付地主と町との関係はどのようなものだったのであろうか。嘉永七年（一八五四）の御用金上納者のうち鮫河橋地域で名前が挙がっているのは、鮫河橋谷町の和泉屋佐兵衛五〇両と元鮫河橋八軒町の万屋源兵衛五

○両だけである。源兵衛は番組両替二三番組に属する両替商であった。宝永六年（一七四九）以来の地主で、所持地面は八五・七坪、調査時点では全部を自家で使っている。通りに面して一六坪の見世と土蔵を構え、裏に座敷と土蔵をしつらえている。地代は記入されているが収入にはならない。他に史料Bで「見世」と記入されているのは元鮫河橋南町地主久兵衛の貸店一カ所だけである。五二〇両の地所をもつ日野屋久兵衛は図12⑤に三八坪の住居を構えているが「見世」の表示はない。嘉永の「諸問屋名前帳」地廻米穀問屋一番組・脇店八カ所組米屋湯島組に、柏木淀橋町家持日野屋久兵衛の名前がある。柏木淀橋町の町方書上に記載されている日野屋久兵衛の由緒書によれば、旧来より当所（柏木淀橋）百姓で、中野筋御成のときには御小休所を勤めていた家とあるが、鮫河橋との関連は記されていない。しかし、元鮫河橋南町の久兵衛との関連をまったく否定することもできない。

他に元鮫河橋南町のそめが五〇坪の地面を自家のみで使用している。「町方書上」には元鮫河橋南町の孝子新五郎の話が載っている。新五郎は一五歳、父松五郎は四〇坪足らずの地所をもつ家持で、大工職であったが中風を煩いはたらけなくなった。父の仕事を手伝っていた新五郎は、父に代わって朝早くから得意先ではたらき、夜も遅くまで細工をして、病身の祖母や姉、幼い弟を養った。幼いながらまじめに勤勉にはたらき、親に孝行をつくしたとして、銭一〇貫文を与えられた。文化九年（一八一二）のことであった。文政一〇年（一八二七）にはなお地主であったと記されているが、天保の調査時点にはいない。異動の激しい地主にはこのような職人もいたのである。地主といっても、通りに面して一〇坪前後の住居を構え、商売といってもささやかなもので、裏地に貸家を建てわずかの収入を上げているというのが大半であった。営業面では、他に南町で炭薪仲買四人、舂米屋一人、八軒町で炭薪仲買一人、舂米屋一人が確認できる。一人は家持で他は家守である。家守も専業化していなかった。南町久兵衛地面三カ所の家守であった竹次郎はのちに舂米屋の株を所有するにいたった。

居住者の大半を占める店借はどのような暮らしをしていたのだろうか。同じような町柄の鮫河橋谷町の様子から推測しておきたい。「其日稼之者人別書上」は慶応四年（一八六八）七月にお救いの対象者を調査した帳面である。谷町の文政年間の家数は地借二三、家主三一、店借三三四、明店三九、計四二七軒となっている。地主不在なのは、拝領町屋敷で、地主が武家のためである。「其日稼之者人別書上」に記載されているのは家主二〇、店借四八五である。この町でも南町と同じに店借戸数が増えていること、家主の三分の一、店借のほとんどがお救いの対象者であったことがわかる。谷町の店借の家族数は平均三・一人、家主は四・五人、単身者が九九戸、うち女性が三二人で、大半が後家である。職業の面から見ると、店を構えていると思われるのは一軒のみ、日雇・職人手間取・振売といったまさにその日稼ぎで生計を立てていた。職人手間取は大工・左官・屋根などの出職の手伝い、下駄・桶・菓子・鎊・建具・べっこうなどさまざまな居職の手伝いに従事していた。商売でも棒手振が多く、醤油・塩・油・糠・肴・煮物といった日用の食品から、小間物・たばこ・薪・荒物・ざる、季節のものを売る時物売《ときのものうり》など多様であった。古道具辻売が一〇数人と目につく。周辺に武家屋敷を抱えているからだろうか。家主も職業面では店借と変わらない。職人の手間取に雇われたり、振売に出かけていたりしている。

よく利用される話であるが、文政年間、菜籠をかついで野菜を売り歩くものの一日が書きとめられている。ここに記されているのは仕入金六、七百文、稼いだお金からまず店賃を竹筒に入れ、米代二〇〇文、味噌醤油五〇文、子どもに菓子代一二、三文をやって、残り一〇〇文から二〇〇文としている。店賃がわからないのは残念だが、一日の収入は四〇〇文から五〇〇文くらいであろうか。文化年間に刊行された式亭三馬の「四十八癖」に儲けた大金をどう使おうかという話が出てくる。ここでは三カ月分の店賃として、三分九〇〇文と出てくる。前後の記述から金三分のようである。とすれば月にして銀で一五匁と三〇〇文である。三馬の舞台が中心部とすれば、引下げ前、南伝馬町二丁目で裏店賃は坪四匁であったから、裏長屋の店賃はこんなものであったかもしれない。元鮫河橋二町の裏店賃は坪あたり一匁とちょっと、最低の三坪として三匁、一両七貫文とすると銭三五〇文である。都会暮らしでも現金出納の少ない時代であるから店賃の占める割合は少なくないだろうが、一家にはたらき手がいれば、賄いきれない額ではなかったのではないだろうか。

関口台町

同じ一五番組の関口台町についても触れておきたい。関口台町の天保一三年地代店賃調査の史料は、四月の書上Ａ「地面間数沽券金上り高書上」が江戸東京博物館所蔵の石井良助コレクションに、七月書上のＢ「絵図面建家書上」(図16) が東京都公文書館に所蔵されている。Ａには七月指令の下げ紙がなく、絵図面の方も一地面以外は地代店賃の書き込みがなく、どのくらいの引下げがなされたのかはっきりしない。

まずＡから見た利用状況であるが、地面数二三に対し、地主二〇、うち町内居住一七、他町居住三である。町内居住のうち自分の地面内に住んでいるのは一一人、他は借地か店借りである。表でも瓦葺があるのは四地面のみ、茅葺か板葺である。二階も少なく、中二階か平屋である。裏貸地が少ないことは中心部でも同様であるが、ここでは裏店も少ない。貸地、店貸しもせず、自分住居のみという地主も五人いる。地面内に貸店一戸のみ、地主のほかに一戸といったところもある。「類焼後家作なし」の書き込みがあり、表裏二〇戸の店がある地面もあるので火災の影響もあるかと思われるが、利用状況は疎らである。

四月書上の地代は、銀四分五厘と六分二厘五毛が一筆ずつあるほかは八分、裏地代は四分が一筆あるほかは四分五厘である。表店賃は一匁から二匁一分四厘、平均一匁五分一厘となる。裏店賃は八分五厘七毛から一匁一分四厘五毛、平均して九分八厘二毛となる。元鮫河橋二カ町では表地代八分、裏地代四分であったから、裏地代は少し高い。表店賃はほぼ同じと見てよいが、裏店賃は関口台町のほうが安い。関口

図 16　関口台町「絵図面建家書上」（東京都公文書館所蔵）

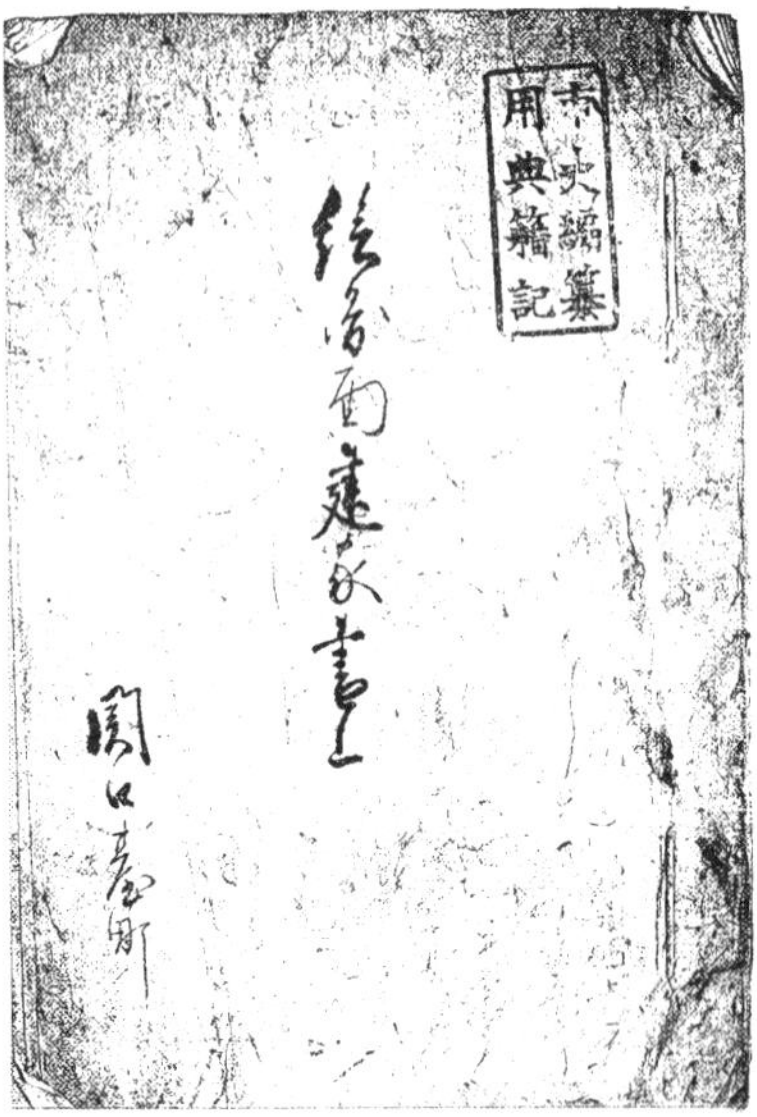

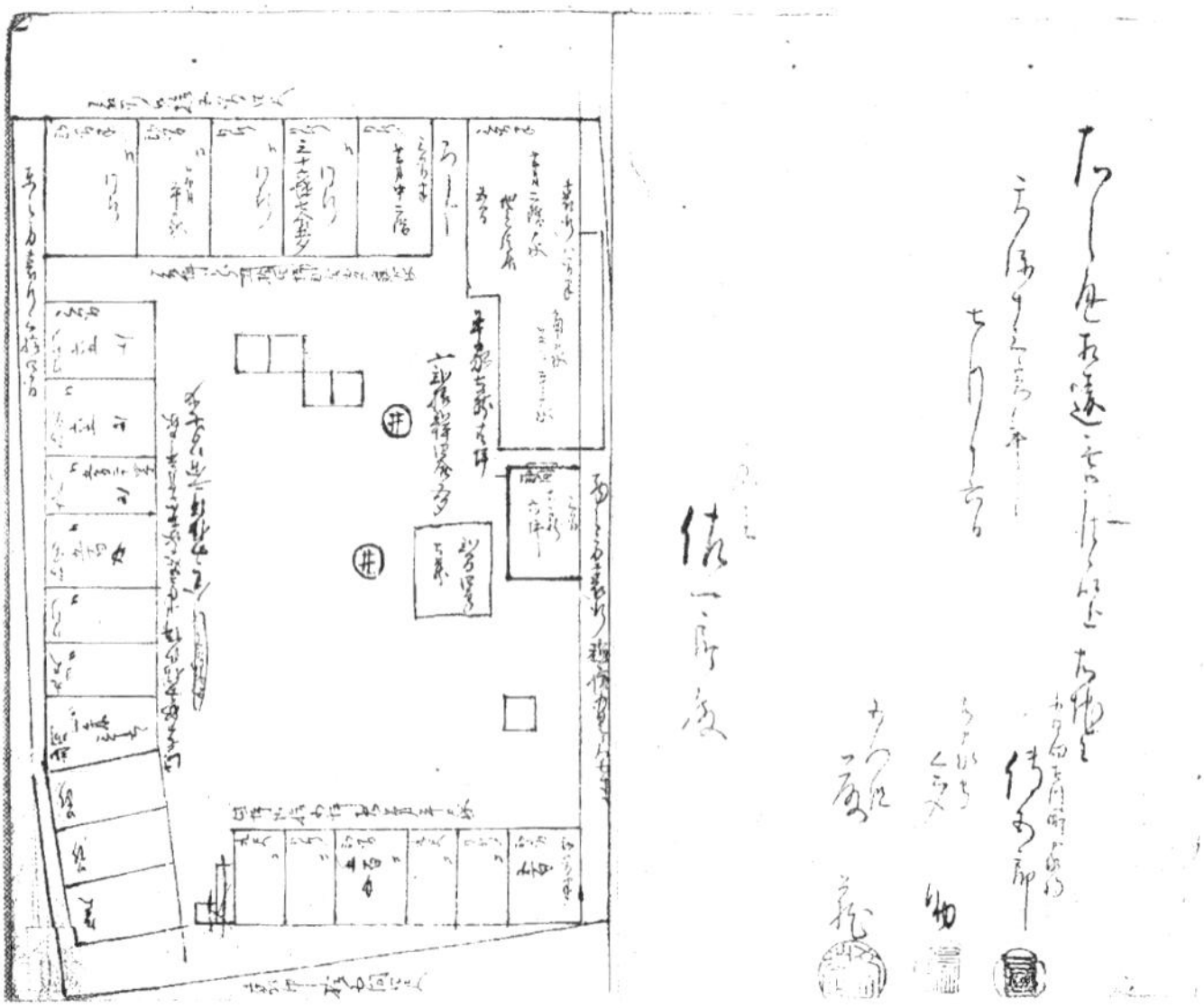

台町では地主の手取額に格差が生じている。地廻米穀問屋・脇店八カ所組米屋・舂米屋の営業をしている藤蔵は地主でもあった。四二三坪の土地に貸店二一戸をもち、年間一七両一分二朱余の収益を上げていた。嘉永七年（一八五四）の御用金上納者に名前を列ねる伊勢屋金兵衛は、二〇〇坪の土地に一九戸の貸店をもち、二〇両近い収入を得ている。こうした収入を得ている地主がいる一方で、住居のみ、収支は赤字のところも多かった。町内別地面に住んでいる地主の収入も、三両、五両といった収入である。この町には炭薪仲買七軒（家守四、店借三）、舂米屋三軒、味噌屋一軒、人宿一軒があって、元鮫河橋二カ町より営業店舗が多い。うち相模屋長左衛門は味噌屋・炭薪仲買・舂米の兼業であった。坪あたりの地代店賃にさしたる違いがみられなくても、未利用地が多いことが地主の収入の差となっている。

絵図面に店賃が書き込まれているのは、藤蔵所持の地面だけである。ここも表店の数値はなく裏店の一部のみである。裏店賃の金表示・銭表示を一両銭七貫文で換算すると、平均銀八分四厘五毛となる。四月書上の藤蔵地面の裏店賃は八分六厘五毛である。その差はわずかに銀二厘、引下げ率は二・三％である。裏店賃に関しては引き下げようもなかったのではないだろうか。売買の面からみると、天保期、この町は取引きも活発で、地価もかなり上昇している。こうした動きと、調査書にみる利用状況、地代店賃の動向にはそぐわないものがある。より踏み込んだ検討が必要であろう。

青山久保町

青山久保町は現在の北青山二丁目の一部である。見当としては、青山通りを隔てて梅窓院の向う側（北側）にあった町である。麻布・渋谷・白金などとともに名主番組一〇番組に属した。明治になってからも地方に属したり、市域に属したりと市在の境目にある町であった。かつては原宿村のうちで、徳川の支配になってから、伊賀者に与えられた。天保期に名主役を勤めていた佐太郎と前栽問屋平三郎の先祖が、世田谷村の久保から移住してきたので、いつのまにか地名となり、しだいに町場化し、元文三年（一七三八）、町奉行の支配に入り、久保町となった。文政一〇年（一八二七）には、坪数九五三二坪、地主一九、家主二九、地借一八、店借二五二、明店八三、計四〇一戸とある。これから紹介する天保期の史料では居付地主が三九名なので、地主数では大きなちがいがある。町内には前栽市場があり、前栽問屋平三郎・新兵衛・惣兵衛・伊兵衛・九兵衛の名前が記されている。神田市場で品切れのときなど、土物・青物の御用を勤めることもあったという。

まず営業状況をみておくと、炭薪仲買一三軒、うち家持二人、家守三人、店借八人である。家持伊勢屋与兵衛は三組両替の株ももち、嘉永七年（一八五四）には御用金三〇〇両を上納し、町内の類焼者に施行するなどしているが、これから検討する「地面間数沽券金上り高書上」には登場しない。後でも触れるが、天保期には与八を名乗っていた家ではないかと思われるのである。舂米屋が一〇人、うち一人は五〇両の地所をもつ信濃屋円七で、他は家守である。位置の確認ができないが、この数からいって、前栽と同様、炭薪・米についても市場的性格をもっていたのではないかと思われる。他に地主万屋半兵衛は両替と地漉紙仲買を兼帯、地借若松屋平六は舂米屋と味噌屋を兼帯していた。また豆腐屋触次世話人も一人いる。

この町の地代店賃の調査書は、「地面間数沽券金上り高書上」という表題で、図17のように、桜田備前町、元鮫河橋二カ町のAと同じ体裁である。地主は五四人、うち居付が三九人で四六筆所有、他町地主が一五人で二一筆所有、女性名義の地所はそれぞれ九人と二人である。他に御番所付地面が一カ所ある。他町は青山を冠する町のものが五人、あとは京橋・芝・麹町・四谷などどちらかというと西のほうの町々である。六八筆中、草創地三カ所、六五筆のうち天保二年（一八三一）から一一年（一八四〇）の一〇年間に購入したもの二三筆、天保一二年四筆、一三年三筆と、約半数がこの一〇数年の間に購入したものである。他町在住者の購入は六筆であるから、久保町の土地を購入してそこに居ついたということができる。一方、地主住居のみで、貸地・貸店がない地面が一三カ所ある。地代だけのところ九カ所、店賃だけのところ二一カ所、地代・店賃両方あるところが二五カ所で土地の利用率は低い。

各地主が収納した店賃の坪数を集計すると約一七六七坪である。文政一〇年（一八二七）の店借戸数と明店戸数をあわせた数で割ると、五・二七坪である。元鮫河橋二カ町の地主を含めた建物の規模は、一戸あたり五・四七坪である。建ぺい率が低くても、店借層の住宅の規模はあまり変わらなかった。建物の構造は、表側は二階と中二階で平屋は少ない。瓦葺は七カ所、あとは柿葺で茅葺もある。土蔵造りはわずかである。裏店の大半は平屋、柿葺で、茅葺も少しある。

地代店賃は、引下げ前も後も細かく分かれている。表地代は銀一匁から二匁で八ランク、裏地代は銀三分五厘から二匁の八ランク、店賃は表が一匁三分から四匁で二六ランクにも分かれている。裏も銀八分三厘から一匁八分まで一九ランクある。地代の引下げ額も表地代で銀八分から二匁まで九ランクあり、基準を見つけられない。店賃も町奉行所の基準と異なり、裏・平屋・柿葺、下の部が八ランクにも分かれている。土地の移動の激しさを考えれば、個別に寛政期の史料があったとは思えない。この町では基準を決めることもなく、個々に確定していったものであろうか。それでもごく大雑把に全体の傾向をみてみると、表地代一匁九分、二匁など高いところでは二・五%減、一匁前後の低いところでは一八%減、裏地代八分から二匁など高いところは五七%減と半額以下に、四分五分といった低いところは一〇%減である。表店賃の三匁八分とか四匁など高いところでは九%減、一匁三分

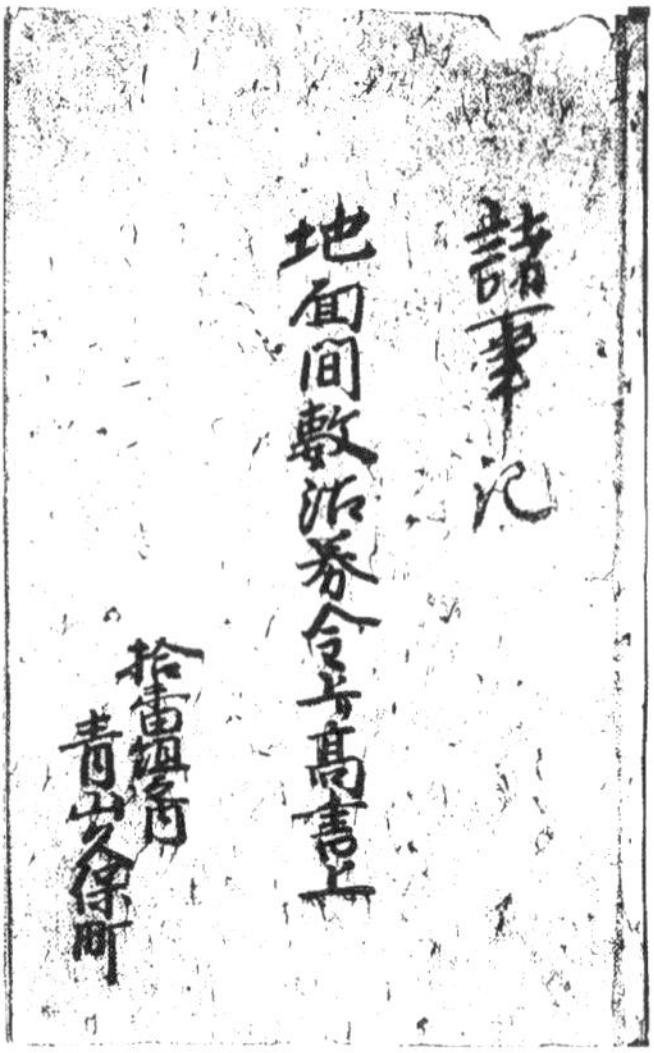

図17－1　青山久保町「地面間数沽券金上り高書上」表紙

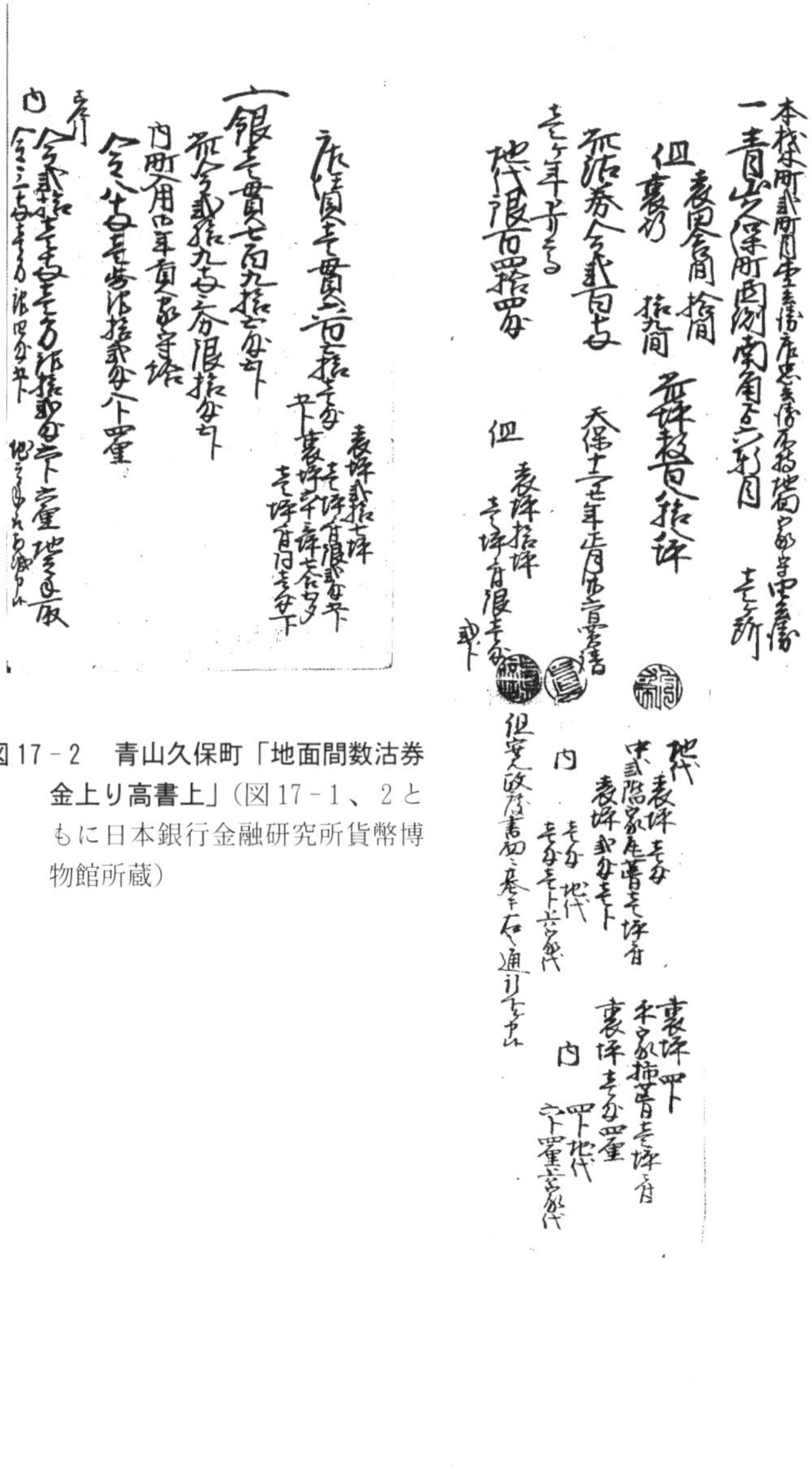

図 17－2　青山久保町「地面間数沽券金上り高書上」（図 17－1、2 ともに日本銀行金融研究所貨幣博物館所蔵）

前後の低いところでは七・五％減、裏店賃一匁四分から一匁六分くらいの高いところでは一六％減、低いところは五・五％減となっている。概して低いところの方が削減率は少ない。

地主の収入の面から見ると、赤字が三人、地主住居のみで上り高なしが一一人、五両未満一二人、五両未満のものが四八・一％である。五両以上一〇両未満七人、一〇両台一五人、二〇両台三人、三〇両台一人、五〇両以上三人である。元鮫河橋二カ町に比べ、零細な収入のものの割合が低く、一〇両台・二〇両台が三三％と一定の割合を占めている。五〇両以上も三人いる。いちばん高い収益を上げているのは四谷伝馬町の市兵衛である。三筆、三九一坪、沽券金二六〇両の土地から削減前の手取りで五二両二分の収益を得ている。削減後も四四両三分の収益があった。青山御手大工町藤兵衛が三筆、二四二坪、六五五両の地面を所持し、五一両一分の収益を上げている。町内居付では鉄五郎が四七四坪、二〇〇両の土地一筆であるが五八両二分の収益、五筆、五一四坪、六二二両を所有する与八が三三両の収益を上げている。いずれも沽券金高の割に収益率が高い。与八は南伝馬町二丁目の西側角地の地主でもあった。収益二〇両台の三人は、本材木町二丁目の店借忠兵衛、芝口二丁目の家主善右衛門、麹町七丁目家持八兵衛の三人である。居付は貸地貸店分が少ないため収益が上がっていない。嘉永七年（一八五四）に御用金一二〇両を納めた長三郎は八一五坪、二〇〇両の土地を所有して、一八両余の店賃が入ったが、町入用などで、一〇両の赤字と届けている。赤字や零細な収入は居付地主のもので、町屋敷経営としては成り立ち得る要因があった

表21　各町地代店賃概要（単位匁、坪当り）

		地代		店賃	
		引下げ前	引下げ後	引下げ前	引下げ後
室町2丁目	最高	7.0	6.528	5.5	4.5
	最低	2.5	6.25	3.0	4.25
安針町	最高	6.6	6.378	—	—
	最低	3.0	2.85	—	—
南伝馬町2丁目	最高	5.5	4.5	5.72	4.8
	最低	2.0	2.0	3.75	3.25
松川町1・2丁目	最高	3.1	2.5	5.33	4.2
	最低	1.5	1.5	3.3	2.7
南鍋町1丁目	最高	5.5	4.1	5.0	4.05
	最低	1.5	1.42	3.0	3.0
桜田備前町	最高	4.0	3.686	5.5	5.045
	最低	1.5	1.425	2.2	2.7
青山久保町	最高	2.0	2.0	4.0	3.7
	最低	0.35	0.166	0.83	0.754
元鮫河橋南町	最高	0.8	0.5	2.0	1.35
	最低	0.5	0.3	1.03	1.029
元鮫河橋八軒町	最高	0.8	0.5	1.5	1.44
	最低	0.5	0.3	1.11	1.029
関口台町	最高	0.63	—	2.14	—
	最低	0.4	—	0.86	—

のではないだろうか。

これまで町ごとの地代店賃引下げの様子を追ってきた。総じていえることは、裏地代・裏店賃など低額のところは引下げ率も額も少なく、あまり変化が見られないということである。寛政年間以降の町の発展にともなう地代店賃の上昇は引き戻され、インフレ傾向に歯止めをかけたかもしれないが、下層民救済という面ではどこまで実効性があったか疑問である。また、地代店賃問題は、単純に地主と店子の関係だけにとどまらないものになっていた。幕府の財政に直接かかわるものから、一商人の取引上の信用まで、さまざまな経済活動にかかわる問題であった。地代店賃の引下げが物価に影響を与えることができたのかどうか疑わしいところである。経済活動に大きな混乱をもたらす結果が残っただけだったのではないだろうか。

最後に、各町の引下げ前後の地代店賃の最高額と最低額を参考のために挙げておく（表21）。それぞれの町での最高値と最定値を機械的に抜き出したもので、同じ地面とはかぎらない。数値は銀表示である。四月の調査時点では一両六〇匁、銭は七〇〇〇文であった。寛政期には五九〇〇文と五二〇〇文と二通りの書上を要求している。この間の銭の価値の低下、日常生活での物価値上がりからいって、どのくらいの引下げ感になったものであろうか。

大坂で生まれ、天保年間江戸へ出て住居を定めた喜田村守貞が、自ら見聞したことを書きとめた「近世風俗志」により、当時の物価の一、二を記しておく。大工の賃金一日銀五匁から五匁五分、鳶人足・手伝い・てこのものは銭三〇〇文。豆腐一丁五〇から六〇文、ちり紙一〇〇枚一〇〇文、ぞうり八文、うどん・そば・汁粉一杯一六文、蒲焼一串一六文、ところてん二文、ゆで卵二〇文などである。

第五章　鈴木三右衛門家の一年

鈴木三右衛門家の日常生活を知る貴重な日記がある。安政四年分（一八五七）一冊だけが東京市史編纂室で筆写されていた。日記の筆者鈴木三右衛門は七代目で文化一〇年（一八一三）に生まれ、この日記を書いた翌年、安政五年（一八五八）に死亡している。文政五年（一八〇八）父の死によって家督を継ぎ、文政一三年（一八一六）佐内町へ、弘化三年（一八四六）深川材木町へ転居している。当時の家族構成は妻英、男子三郎助と憲次郎五歳、娘琴三歳である。使用人は男女それぞれ二、三人であろうか。まず一・二月の記事を順を追って紹介する。

一月

記事はいきなり元日の祝膳から始まる。三宝にお屠蘇と土器の盃が盛られている。お屠蘇は塗りのお銚子に入れられ、盃には鶴の絵が描かれている。鷺の紋のついた四つ重ねのお重には、松葉のするめ、数の子、酢ごぼう、鮒の昆布巻が詰められている。雑煮は味噌仕立、蒸したちぎり餅に花かつを、里芋、大根、焼豆腐、小松菜である。向う付けの皿には塩小鯛と小梅干、香の物は新沢庵である。本来なら、小付飯、豆腐味噌の吸い物、干し大根と菜の小付けがつくが改革中なので省いたとある。祝膳は神棚・仏前に供え、一同、三カ日を祝った。昼食は田作りの細《ほそ》作りと白髪大根の膾《なます》、汁は大根を薄く剥いだもの、平皿には田作り、人参・ごぼう・里芋・大根の煮物に鰹節、焼物は塩引の鮭、ご飯と新沢庵である。

朝のうちに、菩提寺の本誓寺はじめ近辺の年始にまわり、午後からは日本橋辺、八丁堀辺を回った。年玉は本誓寺をはじめ寺方一三カ寺、京都寿仙院など五カ寺、神田明神神楽料、湯島天神・王子稲荷の初穂などが用意されていた。寺には二匁くらいずつである。親類などとして、三谷三九郎・善次郎・斧三郎、福島長右衛門、松沢栄蔵、中世昌三郎、大鐘円蔵などが上がっている。三谷家は一八世紀から一九世紀はじめにかけて本両替の地位にあった。その後本両替の地位を失うが、三九郎家は勘定所御用達の筆頭を勤めた。鈴木三右衛門家四代浄心の妻三保女は三九郎の娘であった。そして三保女の男子の一人が善次郎家の養子となり、娘の一人が三九郎家へ嫁ぐなど密接な関係があった。中世昌三郎は芝西応寺の町医、文化一〇年（一八一三）には御用金二〇〇両を上納している。御用金上納者にはよく町医の肩書きが見つかる。橋爪為仲といい、金持ちであったのだろうか。中世伯父様とも出てくる。妻方の親類かもしれない。その他、手習師匠、所有地のある伊勢町・瀬戸物町・南鍋町の名主、所有地の家守、住居地の家守、住居地の表長屋残らず、近辺のもの適宜、とある。いずれも扇子が中心で、格によって箱に入れたり、台にのせたり、袋入りであったりする。

一方、年始に訪れる人たちには雑煮・吸物・御膳を出して接待した。

二日は雪になった。年始の挨拶まわりは中止したが、佐兵衛を伊勢町の地代集金に行かせた。三日、霊巌島・鉄炮洲・芝辺、四日、両国・浅草・本所と年始の挨拶まわりが続く。

五日には早暁赤羽根の水天宮に参詣した。この日長男三郎助、次男憲次郎は近辺の年始にまわり、本誓寺・八幡宮へお初穂を納めた。憲次郎はまだ袴着の祝をしていなかったのでお古の袴を着けさせた。筆学師匠金生堂へ弟子入りをした。今年もよろしくということであろうか。そして例年のとおり太神楽がやってきた。祝儀金五〇疋（二朱）。夕方には万歳がやってきた。祝儀は銭二〇疋（二〇〇文）に二本入りの扇子箱、米一升、数の子と酒を出し、あとから阿部川餅を出した。六日、京都・伊勢へ年始状を出した。あて先は百万遍寿仙院などの寺方と三谷勘左衛門、中条瀬兵衛である。

七日は初庚申《はつこうしん》、「梁を縄にて結ぶ」とある。例年のとおり七草粥を炊き、神仏へ供え、お神酒、お灯明も上げた。男連中より遅れて、妻お英と娘お琴が本誓寺へ年始の参詣をした。

八日は恒例の発句開きの日、参加者は館源八郎・三谷鉄次郎・伊達周禎・芝（中世方）藤兵衛、その他近連の六、七人、夜食には酒も出し、夜九つ半（夜中の一時ごろ）に終わった。この晩、お琴は熱を出し、夜中にひきつけを起こしてしまった。さいわい来宅していた医者の伊達周禎に診てもらうと、痘瘡ではないかということであったので、伊達氏には泊まってもらうことになった。

九日節分、昼節会は三か日と同様の祝膳で祝った。夜は三宝に一升枡をおき、煎福豆と熨斗昆布を供えた。三つ組の銚子と寿の字の盃、汁物は、蛤の吸物、味噌仕立の伊勢鯨とささがきごぼう、短冊に切った独活《うど》とつみ入れの三種である。三つ組のお重には鶫《つぐみ》羽盛焼・数の子・柚子の輪切り、鉢には魴鮄《ほうぼう》と甘鯛の塩焼に百合根のうま煮と筆しょうがを添えたものを供えて祝った。伊勢町・南鍋町の家守なども来て、家内のものへも酒を振舞った。年男には祝儀を与えた。

こうした祝の最中にもお琴の痘瘡は進行し、一〇日にはいよいよ痘瘡ときまり、佐賀稲荷法印（江東区佐賀二丁目）の赤幣を授けてもらい（一〇〇文）、さんだわらへ赤紙を敷いて供え、赤の灯明をともした。夜伽に女二人を頼み、交代で付き添わせた。少し先まわりをすれば、お琴が回復の証である酒湯《ささゆ》を使ったのは二〇日であった。この日、酒湯を浴び、赤飯を一九軒分注文し、到来物を見計らって添えて謝意を表した。痘瘡棚は初穂一〇〇文を添えて佐賀稲荷へ納めた。この間、親類や家守、出入のもの、同じ地面に住むものなどから見舞いの品が届けられた。大達磨、本塗の小達磨と木兎、十兎と中達磨、卵焼き・焼豆腐・煮しめなどの入ったお重、菓子折り、干菓子、紅あられ、大黒せんべい、鰹節などさまざまであった。

三右衛門は虎ノ門金毘羅宮の参詣や、芝七曲がりの中世氏や福島氏への年始の挨拶を三郎助に行かせている。中世氏への祝の品は次のようなものであった。白魚を一〇〇匹とと三つ葉のお重一つ、練羊羹・難波かん二棹、子どもたちへ糠紙仕立の畳紙《たとう》、鉄爪木賊、畳紙画、硝子大小など、女中へせんべいとおこし、男子奉公人へ菓子一折ずつなどであった。この夜、三郎助は中世方へ泊まったが、薩摩の中屋敷の表長屋から出火して一時大騒ぎになった。

一一日甲子《きのえね》（大黒天）、蔵開きの祝をし、神棚に黒豆を一合炒ったものと七色の菓子、お神酒を供えた。一四日、年越節を例年の通り祝い、一五日年神様の棚を片付け、小豆粥を祝った。一四日は例年神田明神で神楽を奉納する日であったが、お琴が疱瘡なので延期した。一六日己巳、巳待《みまち》（初弁天）のため七色菓子とお神酒を供えた。奉公人男女宿入りの日、祝儀を二〇〇文ずつ与えた。一八日、一八粥（元三《がんざん》大師供養の小豆粥）の祝い。二〇日、お琴無事酒湯、翌二一日神田明神で神楽をあげ、湯島天神・上野両大師を参詣、浅草を回って帰宅した。三郎助、憲次郎も一緒であった。二三日、二三夜待、清宝院が祈祷にやってきた。仏前には五〇疋ずつ供えた。

三右衛門または三郎助は本誓寺日参をかかさず、ご先祖様の逮夜、命日の祀りも欠かさない。二五日は元祖様の忌日で一汁五菜、霊膳三膳をお供えした。

二月

二月三日、三谷斧三郎、鉄次郎に誘われ、三郎助、憲次郎をつれて、舟で亀戸の雪見に出かけ、梅屋敷にも寄った。清住町（三谷）で舟弁当を用意してくれたので、夕食は平清で馳走をした。

四日には伊坂紫山公がきて、心学の講釈をした。翌五日は汁講の歌仙開き、参加者は三谷斧三郎・鉄次郎、伊達周禎、西宮豊魚子。汁講（一品もちより、亭主は汁だけ準備すればよい）だが、夕飯と酒を出したようである。風邪がはやり、男子奉公人二人が寝込んでしまった。一〇日には三郎助など子どもたちも寝込んでしまった。この風邪は上方から流行ってきたもので、世間の八、九割がかかっていると記している。

七日、御事納《おことおさめ》になったので、物干しにめ籠を出した。八日、御事納につき例年のとおり小豆飯に豆腐汁、ご霊膳三膳お供えした。一月一五日の記事との関連はわからない。

一〇日には虎の門金毘羅宮へ参詣、細井（桶町、桶大工頭）へ用談に行き、両国辺の俳諧開きに参加している。前後に記されている頻繁なやり取りの一端を記すと、中世氏に時候の挨拶として鮨一重、翁飴一折を届けたところ、お返しに上菓子品々、細魚《さより》五つを頂戴した。一月に中世内（奉公人か）の藤兵衛に金を貸した礼として、五目寿司一重、蕎麦一重、唐津焼の竹の子の薬味入れ、南禅寺茶碗が届いたので、卵一五個を返した。中世氏の養女の実父が亡くなったときの見舞いの返礼として、小豆・緑豆二色のあんころ一折、五目煎り豆腐一重が届いた。伊達氏へ風邪の見舞いに、このあんころと卵一二個を届けた。お返しにきすの蒲鉾を頂戴した、という具合である。

一二日初午、神棚にお神酒とお灯明をあげ、赤飯、豆腐汁、辛し和え、香の物で祝った。精進につきむきみなしとある。春の辛し和えにはむきみがつきものだったのだろうか。一四日には清住町三谷の頼みで本町の館氏（町年寄）へ行き、難波町の俳諧に参加した。一五日、三郎助の誕生日なので神棚にお神酒を供え、南茅場町の山王（旅所）に参詣した。誕生日の祝いは三右衛門と憲次郎と男三人のみが記されている。夜中かなりの地震があった。

一九日、木場鹿島氏の発句初会、三郎助同道で参加、土産に船橋屋の蒸菓子一折持参。二一日、同じ地面内の西宮勘七を誘って、小室井（小《お》村《むら》井《い》村《むら》）より中川際名主梅園見物に行く。向島へ廻り、夜になって帰宅した。

二四日、お彼岸のお萩を、小豆一〇〇個、きなこ五〇個、梅村に注文した。代金二朱。改革中なので親類には配らなかった。それでこの数である。仏前、長屋家守、髪結床梅蔵、建具屋、桶屋ほか一二軒。手代格の重助を回向院にお参りさせた。二六日には、三郎助・憲次郎を連れて猿若町二丁目の市村座見物に出かけた。

二八日、日記の最大のイベントともいってよい、三郎助の元服と憲次郎の袴着の祝が行われた。図18の

三宝に三つ組の盃と冷酒、松葉鯣

- 味噌吸物：粕子鯛／榎木茸
- 額皿：さしみ／まぐろ／ひらめ／白髪うど／豆葉しそ／わけぎ／山葵大根おろし
- 硯蓋：櫛形蒲鉾／山吹細魚／紅白梅形長芋／白魚青海苔焼／琴糸昆布葉とう
- 台重：烏賊／新牛蒡／ぎんなん
- 鉢肴：酢筆生姜／色付焼／いかだ鯛／黒鳥芋／梅ひしほあえ／葉にんじん／花鱠
- すまし吸物：たいらけ《かい》／山葵せん

御膳

飯

- 鱠：甘酢／白髪独活／防風／細魚細作り／赤貝せん
- 平：鯛切身／海老素麺／生椎茸／三つ葉／蝶形長芋
- 千代口：ほうれん草／細引いたら貝
- 汁：よねつみ入／ふき／みじん椎茸
- 香物：新沢庵／新菜漬／味噌漬
- 焼物―中魴鮄

右汁は内仕立て、その他は佐賀町魚鉄に依頼した

次分

- 鱠：まぐろ／わけぎぬた
- 汁：つみ入／うど／賽の目焼豆腐
- 平：半月はんぺん／三つ葉／くわい
- 香物：新沢庵／新菜漬

右二〇人前内仕立て

図18　三郎助の元服と憲次郎の袴着時の祝膳献立

記事は、親類を招いての祝膳の献立である。

迎えた客は三谷斧三郎・善次郎・おみつ・百之助・文七郎・鉄次郎など三谷一族である。中世氏には右の膳部、硯蓋ものを四人前届けている。お返しに染め分け、中形縮緬一丈三尺、白酒二升を頂戴した。招待客がお土産として持参したのは、小鯛、小魴鮄、小生貝、中ひらめなどの盛肴、紺博多帯など、ほかの兄弟へも菊小折・半紙・画畳紙など、女中たちへは餅菓子一重と心使いされていた。夜四つ半どき皆々帰られ、滞りなく終了した。あられもぱらつく寒い日であった。

二九日、土蔵の根太が朽ちてきたので取替の工事をはじめた。五寸角、一三間の材木を五本入れることになった。この日、清住町三谷親子、三郎助と洲崎弁才天のご開帳を参詣した。二月二〇日から六〇日間開かれており、芝の中世氏もわざわざ見物にきているほどである。晦日、雛を飾り、煎り豆を供えた。

家　業

一、二月の記事からわかるように、年始まわりなど方々への挨拶まわり、節目節目の客人の招待と接待、贈答は主人の大切な仕事であった。挨拶まわりは六月の暑中見舞い、一一月の寒中見舞い、一二月の歳暮配りとつづいている。

第一章で述べたように、地代店賃、家質利子などで四二〇両余の収入があったが、こうした表向きともいえる営業の実態についてはほとんど触れられていない。経営関係の帳面は別にあったのであろう。それも今はないとなれば、この日記から片鱗をうかがうしかない。

当時の家守は伊勢町が宗左衛門と長左衛門、瀬戸物町幸七、南鍋町佐兵衛である。宗左衛門には年額二〇両、長左衛門には九両、佐兵衛には一一両の給金が払われていた。佐兵衛は居住家屋の地代を支払っていた。一月二日、年始早々、佐兵衛を伊勢町の地代取立てに行かせている。その後、三月、五月、七月、九月の節句前と、一一月二日に同じく佐兵衛が伊勢町の地代取り立てに行き、薬代・謝礼など小払いを済ませている。他の地面の地代店賃の受け渡しについての記述はない。五月六日に瀬戸物町幸七が倅を連れ、勘定にきた、六月一二日家守長左衛門が家質金利息と家守給料を受取に来るとあるくらいである。佐兵衛は南鍋町の五人組仲間とトラブルがあり、八月晦日退役、倅覚三郎が跡を継いでいる。その後も佐兵衛は伊勢町の地代取立てに出かけている。

金融の斡旋に動いていることもわかる。二月、清住町（三谷）の頼まれごとで本町館氏（町年寄）へ参上。三月、細井家（桶大工頭）に頼まれ、中御徒町二連木九左衛門殿へ掛合いに行く。四月には芝中世内藤兵衛の頼みにより、本所三谷勘四郎のところへ行き、また岩附町名主益田氏へ用談の手紙を出している。九月、伊勢町熊野屋重兵衛から借金の斡旋を頼まれ、挨拶に取肴一重が届いた。俳諧仲間の中野政路氏に細井家が頼みごとがあるというので同道している。自らも借入金の算段をしている。五月、奉公人重助を中世氏のもとへ借用金に遣わす、八月、横山町三丁目上総屋千助殿宅へ借金に行くといった記事もある。一方、革屋町三谷三九郎へ金を預け、利子を得ている。七月一五日、革屋町から預け金の利息四〇両が届けられ、花月堂の五色干菓子一重、カステラと蕎麦饅頭の一重をお礼に贈っている。一二月にも半年分の利息が届けられ、三九郎方には預け金もあるからと、歳暮に青首の鴨一羽、カステラ巻と蕎麦饅頭の折を届けている。このように営業の実態がわかる記述は乏しい。

俳諧仲間

もっとも熱心なのが俳諧の集まりだったようである。芝の金毘羅神宮に参拝したあと、「両国辺俳諧に寄る」、「浅草辺俳諧に参加」といったオープンなものから、固定的なものまでさまざまである。いちばん多いのは木場鹿島氏宅で開かれるものである。木場鹿島氏質店、木場鹿島氏別荘などと記されているが同じ場所なのかどうか。鹿島姓で知られるのは、霊巌島四日市町の鹿島清兵衛、霊巌島銀町一町目の鹿島利右衛門である。いずれも下り酒問屋、清兵衛は勘定所御用達、二万両からの土地所有者である。鹿島清兵衛の別荘が永代寺の裏にあり、そこなら鈴木家のいる材木町とも近いが、そこを木場といったかどうか。初会が一月一九日、さらに四月二四日、五月八日と招かれ、閏五月七日別会歌仙、閏五月二六日定会歌仙、閏五月二九日別会俳諧、六月一六日、七月一九日、九月一九日発句定会、九月二七日歌仙定会、一〇月一九日月並発句開き、一〇月二六日連月歌仙などとなっている。

八丁堀現在庵宗匠を中心とする集まりも盛んである。三月下旬、現在庵宗匠の招きで、三郎助を連れて、大沢（越谷宿）・野田へ花見に出かけた。夕方出立して榎戸泊まり、翌日は草加宿を経て大沢の桃山、野田まですべて桃畑、野田まで四里桃ばかりと感嘆している。野田に泊まり、醤油作り屋の柏屋を見学、広大な規模に驚いている。枝利根、大利根を見越す花の波に絶景このうえなしと記している。田舟に乗り、また大伝馬舟で利根川を下り、松戸金町に上り、新井《にい》宿（現東京都葛飾区）に泊まる。地震後改装し、風呂場とくに美麗と誉めている。旅人の気持ちはいつも同じである。

四月には現在庵宗匠、樞之本宗匠が鈴木宅を訪問し、三吟歌仙を開いている。閏五月一八日には八丁堀の現在庵で五〇句競開きが行われた。現在庵宗匠俄に来宅、俳諧、夜食、酒を出すといったこともあった。もうひとつ、芝浜大久保侯御勘定奉行野崎波春様御宅での発句の会である。閏五月二日、八月二日と招かれ、一〇月八日には品川海晏寺の紅葉見物に同行している。一一月にも招かれ、三郎助を同道している。招かれた折には、酒二升の切手、金二朱と菓子折りなどを持参している。

鈴木家で開くこともしばしばであった。三月一〇日、俳客四人入来、歌仙催す、閏五月五日、歌仙開、一四、五人来客などである。こうした折には夜食とお酒を出した。三谷斧三郎・鉄次郎、館源八郎など内輪で汁講もつくっていた。亭主に負担をかけず一品もちよりの趣旨であったのだろうが、さしみにはんぺん、大根のうま煮に酒をつけて夕食を出している。

俳諧関係で興味深い記事としては、七月九日、赤坂御門外川端屋より茶店俳諧開蓮見会《はすみ》の誘いがあり早朝より参加、夕刻帰宅の記事、一〇月二日、芝中世内藤兵衛（奉公人と思われる）芭蕉忌致すなどの記事である。俳諧ばやりというか、俳諧の大衆化の一端をうかがわせるものである。

五節句

七草は正月七日のところで述べたとおりである。

雛は二月晦日に飾り、三月二日、煮しめと、苞《つつみ》豆腐・卵焼・さざえ・花かつを・椎茸・かんぴょうの重ね膳を拵えお供えした。改革中なので三分の一くらいの祝い方である。三日には三郎助が近辺に挨拶に行った。清住町の三谷、呉服町三谷の弥七、同じ地面内の西宮、家主たちが客であった。節句の祝いは小豆飯にあさつきとむきみの和え物、うど・つみ入・焼豆腐の汁、香の物であった。当日偶然か、石川夢中という講釈師がやってきたので来客たちも招き、酒飯を出した。四日、雛壇に蕎麦を供え、片づけた。

五月一日、幟を飾った。二日には柏餅をつくり仏前に供え、配り物とした。中世氏には柏餅七二個に小鮎二籠をつけた。清住町三谷へ二一、家守や髪結、桶屋、同じ地面内のものなどへ届けた。一方中世氏からも柏餅が届けられた。五日には三郎助が方々へ挨拶に行き、筆学の師匠や寺子屋へも出向いた。鯔《ぼら》のおつくりにきゅうりと大根の酢の物、干し榎・ふき・焼豆腐の汁、菖蒲酒と香の物で一同祝った。来客は雛の節句のときとほぼ同じである。

七月七夕。六日、竹を二本用意し、色紙を飾って物干しから捧げた。七日、七夕さまへお神酒と真桑瓜三つ、茄子四つを供え、昼食にはそうめんで祝った。筆学師匠、寺子屋へお礼に行き、清住町三谷氏などが来宅した。

九月九日重陽の節句も三郎助が挨拶に回っている。内祝いの膳は貝柱とおろし大根の酢の物、賽の目蒲鉾・焼豆腐・銀杏《ぎんなん》・大根の汁、沢庵に菜漬け、菊酒がつけられた。客人は他の節句と同じ清住町三谷氏、家守たち、同じ地面に住むものたちであった。

寺参り

主人三右衛門は毎朝、菩提寺本誓寺に参詣している。三郎助に行かせることもあるが、お参りしないのは年間を通して数日のことである。本誓寺は浄土宗の寺、霊巌寺の前、小名木川に近いところであるからそう遠くはない。代々の主人の命日には、お逮夜（前日）に本誓寺から僧をよび、百万遍の法会を行い、当日お寺へ参って回向料を納めた。三谷からもお焼香や供物が届けられた。妻の場合は、命日にお寺へ参って回向料を納めるだけである。

安政四年（一八五七）は宝暦八年（一七五八）に亡くなった三代誓光院の一〇〇回忌にあたった。命日は七月一二日であったが、前倒しをして六月に行われた。六月八日、まず親類や家守などに、お餅二枚ずつを黒紋付のお重と黒菊水のお重に入れて配った。お逮夜は手狭なのでお招きできないが、一二日に本誓寺で粗肴をさしあげたいとの手紙を付した。一一日のお逮夜には役僧を招き百万遍の法会をした。お布施は銀五匁、供男に青銅一〇疋（一〇〇文）、手狭でもあり、御改革中なので清住町三谷だけから焼香を受けた。逮夜の馳走は酢の物に胡麻汁、香の物、ご飯には湯葉・新さといも・いんげん・麩・椎茸などの煮物、冬瓜・松茸などに薄く葛をはった蒸し物、猪口、次いで飛竜頭《ひりゅうず》・いんげん・椎茸の平皿、汁、猪口が出された。一二日、お寺へのお施餓鬼料は二両、役僧へ銀一両（四匁三分）、総所化衆へ金一〇〇疋（一分）、地蔵堂・境内非人などへそれぞれ心付けを渡した。親類・家守などから香典が届けられた。供養の本膳は三匁の膳が二三人前、仏様へ二膳、方丈と役僧へ二膳、本町鈴木越後へ誂えた朧饅頭《おぼろまんじゅう》と落雁の折二三人分、別に二〇人前の盛り物、次膳は一匁三分のものを一七人前、料理人へ心付け金二朱、上酒五升、大坂屋伝五郎へ注文、総計の欄は空白である。来客の数でいうと、三郎助の元服・憲次郎の袴着のときより多い。一〇〇回忌を期に、お位牌を修復、お墓も修復し、法名へ箔を入れ、苗字に朱を入れた。たまたま目に触れたのか鰻金二分を放してやった。

本誓寺との付き合いは先祖の供養だけでなく、春秋の彼岸、お盆の行事など年間を通して頻繁に行われていた。

その他、寺社参詣としては、毎月一〇日に芝の金毘羅社へお参りしている。地元の八幡宮、洲崎の弁天、赤羽根の水天宮にも足をのばしている。

民俗行事

寺社参詣だけでなく、実にさまざまな民俗信仰にもとづく行事を行っている。この年は一月一二日が甲子であった。一月の記事にあるように、煎った黒大豆、七色菓子、お神酒を神棚に供えた。ねずみを大黒天の使者とみなし、子の日に大黒天を祀る信仰である。三・五月、閏月が入って六・八・一〇・一二月と六〇日ごとにめぐってくる甲子の日のお供えは欠かしていない。深夜まで起きている気配はない。

己巳の日の前日の巳待ちには、七色菓子とお神酒を供えて欠かすことはない。

興味深いのは、四月一七日と九月一七日に日光祭礼の内祝いをしていることである。神君家康公の御教諭文の軸を二本かけ、お神酒と御膳をお供えしている。四月の御膳は、ケン生姜・まぐろ・大根・豆しその酢の物、しじみ汁、あいなめの煮付け、ご飯、香の物、次膳として酢の物・汁・香の物である。

七月一三日、早朝に精霊様の御棚を飾り、暮六つにお迎え火を焚く。一五日には芋茎の和え物、茄子の胡麻和え、蓮飯の膳を一同で頂戴した。

九月晦日は神送り、荒神様へ小豆団子三六をお供えしている。一〇月三日の亥の子（一〇月上旬の亥の日）には炬燵開をして、するめ田楽を焼くとある。一二日には日蓮さまへ小枕餅三本、樽柿をお供えした。一三日は日蓮の命日であった。一四日にはお十夜、本誓寺から所化僧がきて百万遍修行をした。これは浄土宗の行事である。一〇月二九日は神迎え、神棚へお神酒と小豆団子三六をお供えした。一一月七日は早くも冬至、茄子殻を焚くとある。また「冬至につき神田小林氏へ星祭御初穂金一〇〇疋納めたところ、九日にお礼の供物が届いた」と記されている。この星祭りは密教の除災求福の祀りだという。一一月一三日には内輪ながらお琴の髪置きの祝いをした。お召縮緬の着物を着せ、八幡宮・本誓寺へ参詣、お札を頂戴した。千歳あめ二〇本をそれぞれに配った。一〇月、一一月はさまざまな信仰が入り交じった月である。

あそび

二月には舟を仕立てて雪見に出かけている。三月から四月にかけては花見、閏五月には花菖蒲見物に清住町三谷が来宅、七月墨水花屋敷の秋草見物など四季折々の遊山に出かけている。

当時最大の楽しみとされた芝居見物にもよく出かけている。二月には男三人だけであったが、閏五月九日、六月二一日、八月二〇日と猿若町市村座へ一家で出かけている。八月は清住町三谷とともに舟を仕立てた。茶屋は市川屋。一二月一〇日、両国の相撲見物に行ったがあいにく休みで、猿若町の子ども芝居をみて帰った。

心学講釈の席もよく開かれている。伊坂紫山の講釈三回、伊達自休三回、伊達隠居一回である。

一二月八日、早くもお正月の準備が始まった。昼飯にお赤飯と豆腐汁をつくり、ご霊前に供えた。この日は針供養の日でもあり、夜、いとこ煮汁をつくった。一五日伊勢御師から例年どおりお祓いの札、みやげ物が届いた。二〇日節分、一九日、仮普請なのですす払いはせず、大掃除をした。二一日餅つき、もち米六斗、長屋などに配った。二四日清宝院がきてかまど収めの祈祷を行い、年神様の御幣をつくってもらった。二八日、年徳神《としとくじん》さまの棚をつり、松かざりを飾った。この間方々へ歳暮のあいさつ。いよいよ大晦日、三か日の雑煮の仕込み、所々の小払いを済ませ、米三合を煎り土器三つに入れて神棚へ。年徳棚・神棚へお神酒とお灯明、仏前へもお供え。土蔵に海老・橙・楪《ゆずりは》・裏白の飾りをお供え、福茶をつくり、黄菊と蒼朮を火鉢で焚いた。家守や出入のものが挨拶にくる。「夜、仕舞九つ半、一同無事越年」。

参考文献・史料

【参考文献】

石井良助『江戸時代土地法の生成と体系』一九八九、創文社
石川英輔『江戸のまかない』二〇〇二、講談社
岩淵令治「江戸における関八州豪商の町屋敷集積の方針と意識──関宿干鰯問屋喜多村寿富著「家訓永続記」を素材に」『近世の社会的権力─権威とヘゲモニー─』一九九六、山川出版社
岩淵令治「江戸の都市空間と住民」日本の時代史一五『元禄の社会と文化』二〇〇三、吉川弘文館
小沢詠美子「江戸市中における地代・店賃の動向」『常民文化』一〇、一九八七
小沢詠美子「江戸における町屋敷の経営」『史潮』新二五号、一九八九
上坂倉次「東京不動産史話」一～三二『不動産鑑定』一九七六・一～一九八〇・六
北島正元『近世の民衆と都市』一九八四、
坂本忠久『天保改革の法と政策』一九九七、創文社
島田一郎『島田筑波集』下、一九八六、青裳堂書店
竹内　誠「文化年間幕府「御用金」の実態と背景」『史潮』七七、一九六一
田中康雄「江戸商人名前一覧」『三井文庫論叢』第六号、一九七二
玉井哲雄『江戸町人地に関する研究』一九七七、近世風俗研究会
鶴岡実枝子「『奈良茂家』考」『史料館研究紀要』第八号、一九七五
東京都公文書館「都市紀要」三四『江戸住宅事情』一九九〇

中藤　淳「江戸町人地における土地所有変動の地域的差異」『歴史地理学』一三四、一九八六
宮崎勝美「江戸の土地―大名幕臣の土地問題」『日本の近世』9、一九九二、中央公論社
横山百合子「近世後期江戸における町人の家とジェンダー」『ジェンダーで読み解く江戸時代』二〇〇一、三省堂
吉原健一郎「鈴木三右衛門家の江戸町屋敷経営」『日本地域史研究』一九八六、文献出版
吉田伸之『近世巨大都市の社会構造』一九九一、東京大学出版会
渡辺尚志「近世後期関東農村における豪農層の江戸進出」『千葉史学』創刊号、一九八二
渡辺尚志編　新体系日本史3『土地所有史』二〇〇二、山川出版社

【史料】

〈第一章・第五章〉

東京都公文書館　鈴木家文書　鈴木文書一〜九　CL九七〜一〇五
古証文　一〜一〇、無番A、B一・二
所持家屋敷売状写六五五―一

〈第二章〉

国文学研究資料館　吉田家文書　通油町　二六R三三〜三八
安針町　二六R四五〜四七、四九〜五一
天保期地代店賃　二六R一一〜一三、二九〜三二、四一〜四四、四六、四八、八〇

東京大学法学部法制史史料室
吉田家雑書類一「文政一三年沽券証文之写」甲二―一六三六―一
吉田家江戸町書類一八「文政四年古券証文控」甲二―一六四六―一八

〈第三章〉

三井文庫「本町一丁目二丁目地所控」〇三一一—二四二

旧幕町屋敷関係帳簿　八〇七—六五〜八〇七—一三七　ただし上段の番号八〇七省略

番組	名　　主	1 水帳・間数帳	2 沽 券 帳	3 諸 証 文 帳	4 家 質 帳	5 地主印鑑帳
5	富沢徳兵衛	135水帳 延享 5 〜明治		136家屋敷譲請証文 文化13〜明治		
6	池谷権兵衛 村田佐兵衛		77沽券帳 明和 9 〜天保13 109沽券帳 文政13〜 128沽券帳 正徳 5 〜明治 133沽券状 （正徳）〜明治	93手形証文帳 享和 2 〜天保12 117手形証文帳 天保12〜嘉永 7 102売券証文留 文政 2 〜明治	122改革家質証文帳 天保14〜文久 2	127地主印鑑帳 嘉永 6 〜明治
	村田佐兵衛		65沽券帳 寛文12〜慶応 3 88沽券帳 寛政 5 〜明治	124証文帳 天保15〜明治		
	渡辺源太郎			75家屋敷証文 宝暦13〜明和 5 111家屋敷証文帳 文政11〜天保 7 125家屋敷証文帳 嘉永 1 〜明治 115売券証文留 天保 7 〜明治	116家質証文留 天保 7 〜	
	長谷川伊左衛門 長尾文蔵			98家屋敷一件 文化10〜明治	97家質帳 文化 9 〜元治 1	
	長谷川伊左衛門			86家屋敷一件 寛政 3 〜文政 9 103証文留 文政 9 〜明治		84地主印鑑帳 寛政 3 〜
	長尾文蔵	83水帳 寛政 2 〜安政 4	110売券証文留 文政13〜			
	坂部六右衛門	95竹川町沽券幷間数改水帳 文化 9 〜 78芝口北紺屋町沽券間数帳	74沽券証文控 寛文12〜文化15 85沽券証文控 寛政 3 〜慶応 3	113家屋敷証文 天保 2 〜慶応 3 78芝口北紺屋町証文帳 文化 2 〜天保12	119家質証文之控 天保13〜	73間数帳 宝暦 7 〜文化 8 96間数印鑑帳 文化 9 〜

			87証文帳 寛政４～ 94沽券証文帳 文化８～文久２ 100沽券証文写 文化11～ 78芝口金六帳沽券状控 寛政５～文政12			129間数印鑑帳 ～慶応１
	田中平四郎	78南佐柄木町沽券間数帳 安永５～明治	132沽券状之写 寛延１～			72間数地主印鑑 宝暦３～明治
	尾崎七左衛門	137地券帳取合 （文政～）	沽券証文控 68寛保１～安永５ 79安永６～天明７ 82天明７～寛政11 91寛政12～文化14 101文政１～天保10 121天保13～明治			90沽券印鑑帳 寛政12～明治
7	岡崎十左衛門	130本八町堀五箇町間数帳 （天保）～明治 137地券帳取合 ～明治				
	長沢次郎太郎	81屋敷録 天明５～				
	高野作右衛門 松倉重次郎	66沽券金高間数帳 延享１～ 137地券帳取合 （天保～　　）	69永代沽券証文留帳 寛保１～寛政12 89永代沽券証文留 寛政12～ 105永代沽券証文留 文政11～慶応３ 112沽券継書控 天保２～慶応１	123町儀手形帳 天保15～慶応３	76家質書入之控帳 明和６～文政11 106家質書入控帳 文政11～文久３	
	水田善三郎	70五町分屋敷帳 寛延２～明治	71永代売券帳 寛延２～明治		67沽券帳 延享５～慶応３	
	島崎清左衛門	134南八丁堀１丁目水帳 （天保６か） 92家屋敷間数改控帳 享和１～ 99家屋敷間数改控帳 明和６～明治 114沽券 天保１～明治	131沽券状控 宝暦10～明治 118継書控 天保13～明治	107親類証文帳 文政12～明治 108町儀手形帳 文政12～明治	104家質証文帳 文政10～天保11	

史料名は原則として現表紙の表題とした。
収録年の終期に「明治」とあるのは、慶応末、明治の年号のみられるものである。

〈第四章〉

国立国会図書館「天保撰要類集」三六　八一五—一

天保一三年地代店賃調査書

町　　名	番組	表　　題	作成年月	所蔵機関	整理番号
室町２丁目	1	地面間数沽券金上り高書上	天保13.8	国文学研究資料館・吉田家文書	26Ｒ-41
安針町	1	同上	同上	同上	26Ｒ-44
小網町３丁目	1	同上	同上	同上	26Ｒ-42
弥兵衛町	2	同上	同上	同上	26Ｒ-43
南伝馬町１丁目	5	地面上り高掛り高差引手取金沽券金高書上	天保13.8	東京都公文書館・撰要永久録32	ＣＬ-154
南伝馬町２丁目	5	同上	同上	同上33	同上
南鞘町	5	同上	同上	同上33	同上
南塗師町	5	同上	同上	同上34	同上
松川町１丁目	5	同上	同上	同上34	同上
松川町２丁目	5	同上	同上	同上34	同上
南伝馬町３丁目新道	5	同上	同上	同上34	同上
南鍋町１丁目	6	南鍋町１丁目絵図		国立国会図書館・旧幕引継書	819-174
南鍋町２丁目	6	尾張町鍋町絵図		同上	819-172
尾張町	6	同上		同上	819-172
元数奇屋町４丁目	6	天保13年元数奇屋町４丁目絵図	天保13.8	同上	819-173
滝山町	6	天保13年滝山町絵図		同上	819-176
桜田備前町	8	地面間数沽券金上り高書上控	天保13.8	東京都公文書館	ＣＮ-68
青山久保町	10	諸事記ー地面間数沽券金上り高書上	天保13.8	日銀金融研究所	5-8-A1-2
元鮫河橋南町八軒町	15	地面間数沽券金上り高書上控	天保13.5	東京都公文書館	ＣＮ-81
		地面調ニ付被仰渡幷間数上り高絵図面取調控	天保13.7	同上	ＣＮ-82
関口台町	15	地面間数沽券金上り高書上 絵図面建家書上	天保13.4 天保13.7	江戸東京博物館 東京都公文書館	 ＣＮ-84

あとがき

鈴木三右衛門家の菩提寺、深川の本誓寺を訪ねたのは、原稿を書き上げ、出版社に渡した後であった。三保女の「川越紀行」から鈴木三右衛門家に関心を持った島田一郎氏の足跡の影響もあり、三保谷村の方に目が行きがちであった。しかし、第五章で紹介した「日記」を読んでいく中で、本誓寺が鈴木三右衛門家の菩提寺なのではないかと思い当たったのである。それでもなお、震災、戦災と変化が大きかったところだからと、期待をかけずにいたのである。

五月九日、江東区清澄三ノ四ノ二三の本誓寺（住職福田行慈師）を訪ねた。東京メトロ半蔵門線の清澄白河駅からほど近いところで、清澄庭園の裏手にある静かな一画であった。清澄通りをはさんで霊巌寺、深川江戸資料館がある。突然の訪問にもかかわらず、ご住職ご夫妻は、沢山ある鈴木家の中から鈴木三右衛門を捜し出して下さった。そこには、鈴木三右衛門初代以来歴代の法名、没年月日、妻の法名、没年月日が記されていた。先代のご住職が作成されたものとのことであった。当時のご当主は順吉氏であった。これで東京都公文書館の史料からだけでは作れなかった系図を作成することができた。

しかも、お墓があり、ご子孫との連絡がとれるという。正直のところ、ないことの確認に行ったようなところがあったので驚いてしまった。「鈴木三右衛門」という家名は失われても親から子へ、子から孫へと家族の系譜は引きつがれていたのである。そして改めてお寺さんの「有難さ」を実感したのであった。

早速紹介していただいた現当主鈴木剛《ごう》氏と東京都公文書館でお会いし、鈴木家文書をみていただいた。その時のお話で、剛氏の祖父順吉氏は、一九二九年の金融恐慌のあおりで倒産、自殺されたとのことであった。剛氏の父桃太郎氏（一九一〇年生）は順吉氏の死後、家宝や史料などを連日庭で焼却、ご先祖と縁を切った生活をされたという。剛氏は本誓寺のことも知らず、桃太郎氏の遺言で本誓寺を訪れ、遺骨を埋葬されたという。順吉氏の妻は三谷三九郎の三女であったというので、三谷との縁は続いていたようである。現在の墓石は、表に「鈴木家之墓」とあり、裏面に「昭和四年九月鈴木辰三郎建之」とある。辰三郎氏は順吉氏の弟で、神田で印刷屋をやっていた方だという。剛氏は、家紋は「稲穂に御幣」と聞いているといわれるが墓石には蔦紋が彫られている。

島田一郎氏が「三保女の「川越紀行」」を発表したのは一九二八年で、「用事帳」二〇冊、「年中日用記」、和歌の詠草などが保存されていると記している。島田氏は焼却直前の史料群をみていたのである。かえすがえすも残念だが他人が論評できる事柄ではない。

本誓寺の創建は相州小田原、小田原城落城後江戸へ移り、はじめは八代洲河岸に寺地を賜わり、ここが御用地になって馬喰町へ移転、天和二年（一六八二）の大火後深川大工町へ移ったという。馬喰町にある時には朝鮮通信使の宿舎がおかれていた。浄土宗江戸四ケ寺の一つといわれる大寺であった。初代三右衛門は寛文一三年に亡くなっているので鈴木家との関係は馬喰町時代であろう。

第五章で紹介したように七代の当主は本誓寺に日参している。年忌の法要も欠かさない。こうした先祖供養の重視は、七代目に限らない家の伝統だったのではないだろうか。

第一章と第五章を鈴木三右衛門家にあてた本書の最後に、その後の鈴木家の一端を報告できたことを嬉しく思う。

はじめにでも述べたように、江戸に関する著書・論文などを列記すると膨大なものになる。多くの方々の研究成果に学びつつも、参考文献には直接関連するもののみに止めた。ご了解いただきたい。

本書作成にあたって利用した史料の所蔵機関の方々には大変お世話になった。史料が読み切れず、閲覧も再三にわたることが多かった。改めて御礼申し上げます。

また、欲張って作成した不出来な表組みを心よく、適切に組み込んで下さった編集・印刷段階でのご苦労に心から感謝して筆をおきます。

二〇〇四年七月

片倉比佐子

江戸《えど》の土地問題《とちもんだい》

著者略歴

片倉　比佐子（かたくら　ひさこ）

1935年　東京市滝野川区に生れる

1959年　東京都立大学大学院人文科学研究科修士課程終了

現　在　近世史料研究会同人　ＮＨＫ学園講師

主要編著書

東京都公文書館にて『東京市史稿』編纂

都史紀要　28『元禄の町』1981年

都史紀要　34『江戸住宅事情』1990年

『天明の江戸打ちこわし』新日本出版社、2001年

『日本家族史論集』（共編）2002〜2003年

現住所　〒152-0035　東京都目黒区自由が丘3-16-2

2004年8月15日発行

著　者　片　倉　比佐子

発行者　山　脇　洋　亮

印刷者　㈱熊　谷　印　刷

発行所　東京都千代田区飯田橋4−4−8　東京中央ビル内　㈱同成社

TEL　03-3239-1467　振替00140-0-20618

ISBN4-88621-296-4 C3321